那些令人脑洞大开的

数学

杨峰 编著

Mathematics

机械工业出版社
CHINA MACHINE PRESS

本书是一本能够激发读者数学兴趣、启迪数学思维、妙趣横生的数学书。全书共六章，从不同的角度来诠释数学的乐趣与美妙。

第一章介绍了数的发展史，同时对无理数的发现、圆周率 π、素数、斐波那契数列、几何级数、二进制数等相关知识都进行了深入浅出的讲解，带领大家走进数的世界。

第二章则由一些有趣的概率问题组成，内容涉及掷骰子、抽签问题、基因遗传图谱、几何概率模型等诸多兼具趣味性和实用性的题目，向读者揭示概率的真谛。

第三章内容涉及逻辑和博弈问题，既有严谨的逻辑推理，又有烧脑的囚徒困局，让读者从中体会推理的乐趣，也感受逻辑的严谨。

第四章搜集了许多古今中外的数学名题，从这些经典的数学名题中能够让读者感受到古圣先贤的数学智慧，也能体会到数学的博大精深。

第五章介绍了一些有趣的算法问题，并通过这些题目讲解了穷举、递归、动态规划、回溯等经典的算法思想，并配有 Java 和 Python 的代码实现。

第六章则对当下一些前沿流行的科技成果进行概要性的介绍。内容包括美颜技术、区块链与比特币、数据搜索引擎和 5G。相信读者阅读后会有所收获。

本书适合于广大青少年、IT 从业人士及数学爱好者阅读学习。书中的每个话题、每个题目都有难度系数标注，读者可根据自己的情况选择阅读。希望广大读者通过学习本书能够开启数学兴趣王国的大门，在数学的宝藏中汲取营养。

图书在版编目（CIP）数据

那些令人脑洞大开的数学/杨峰编著 .—北京：机械工业出版社，2020.5（2023.11 重印）

ISBN 978-7-111-65314-1

Ⅰ. ①那… Ⅱ. ①杨… Ⅲ. ①数学-普及读物 Ⅳ. ①O1-49

中国版本图书馆 CIP 数据核字（2020）第 061057 号

机械工业出版社（北京市百万庄大街 22 号　邮政编码 100037）

策划编辑：汤　枫　　责任编辑：汤　枫　秦　菲
责任校对：张艳霞　　责任印制：郜　敏

北京富资园科技发展有限公司印刷

2023 年 11 月第 1 版·第 3 次印刷
169mm×239mm·16 印张·307 千字
标准书号：ISBN 978-7-111-65314-1
定价：69.00 元

电话服务　　　　　　　　　　　网络服务

客服电话：010-88361066　　　机 工 官 网：www.cmpbook.com
　　　　　010-88379833　　　机 工 官 博：weibo.com/cmp1952
　　　　　010-68326294　　　金 书 网：www.golden-book.com

封底无防伪标均为盗版　　　机工教育服务网：www.cmpedu.com

前言
PREFACE

　　这不是一本传统意义的数学书，也不是一本枯燥乏味的习题集，它是让你感受数学之美的画卷，是帮你开启数学王国大门的钥匙！在这里没有枯燥的数学定理，也没有烦琐的公式推导和数学证明，而是通过一个个生动有趣的数学问题把数学的真谛向大家娓娓道来。

　　在这里，你会被 $\sqrt{2}$ 引发的血案而震惊，也会被美妙的斐波那契数列所吸引。素数真的是宇宙留给人类的密码吗？圆周率 π 诞生的背后又有哪些鲜为人知的故事？本书第一章将告诉你答案。

　　你是否曾经因为跟某同学同年同月同日生而感到不可思议？你是否因为爸妈都是双眼皮而你却是单眼皮而感到苦恼和不解？你是否还在幻想着中个大奖一夜暴富？不要瞎想了！本书第二章将告诉你什么是概率、什么是随机，为你解释这一切。

　　曾几何时，你是否也幻想自己能够成为一名大侦探，在纷乱复杂的线索中抽丝剥茧，找到真凶？来吧，第三章帮你实现这个愿望，带你做一把福尔摩斯，感受一下烧脑的逻辑和博弈。

　　你听说过《九章算术》吗？古算法"盈不足术"又为何物？你了解"中国剩余定理"吗？你知道欧拉的七桥问题和一笔画问题吗？丢番图的墓志铭上又写了些什么？这些古今中外的数学趣题滋养了一代又一代的人，为人类启迪了智慧，打开了数学兴趣的大门。如果你也想领略经典的味道，那就请看本书第四章吧！

　　现代数学离不开计算机，也离不开计算机编程，计算机是怎样解决数学问题的？烧脑的数字游戏在计算机面前变得不再难解，网络黑客也会摘下神秘的面纱，幽古的梵塔问题你也能解决……想要了解更多，请看本书第五章，这一章将带你体会有趣的算法谜题，告诉你计算机是怎样思考的。

　　当下什么技术最热门？想要了解就看本书第六章吧。在这里你将了解什么是 5G；你将知道比特币和区块链是什么；美女主播皮肤真的那么白皙无瑕吗？

百度又是如何实现"一键便知天下事"的？第六章会告诉你答案。

数学无处不在，数学是一切科学技术的基础！特别是在信息科技迅猛发展的今天，数学更是人们通往科学高峰的阶梯。本书希望能够帮助广大读者开启数学兴趣的大门，体味数学之美，感悟数学之趣，让你真正爱上数学。

数学泰斗陈省身先生曾说"数学好玩"！而我想说："数学真的很有趣，快来看《那些令人脑洞大开的数学》吧!"

编著者

目录
CATALOG

第五章　计算机是怎样思考的——有趣的算法谜题

第六章　数学中的科技之光——那些改变人们生活的技术

第一章

从0到无穷大

——走进数的世界

数是数学的基础，数学的发展也是伴随着数的发展而不断前行的。数不仅仅就是1、2、3、4…那么简单，数的王国中也蕴藏着令人惊奇的规律和无数的未解之谜。本章将带您走进数的世界，一同回顾数的发展历史，一同体会数的神奇，一同在数的王国中体会题目的乐趣……

1.1 从结绳记事说起——数的发展史

难度：★★

我们每天都会接触到各种数字，无论是买东西时的支付转账，还是日历卡片上的年月日期，抑或是开车时里程表上显示的时速等等，数字布满了我们生活中的每个角落。但你是否想过，我们今天再熟悉不过的数字是怎样发展而来的？数字作为数学的基础，它的发展史实际上就是一部数学的发展史，所以学习数学应该从认识数字开始。本节就带大家来了解一下数的由来，一同回顾数的发展史。

从结绳记事到阿拉伯数字

在远古时期，人类也跟其他动物一样没有数的概念。但是与其他动物最大的区别在于人可以直立行走并且可以使用双手进行生产劳动。在生产劳动过程中，人们不免需要记录一些信息，例如，今天捕获了多少只动物，今天摘到多少个果子等等。因此数的概念在人们的生产实践中逐渐产生。

人们记录数目的方法种类繁多，大都是根据自己生活环境的不同就地取材。有的使用石子计数，有的使用贝壳计数，有的则在树皮或石头上刻线计数。但是最为出名的一种计数方法就是"结绳记事"。

所谓结绳记事就是人们采用在绳子上打结的方法记录事情，如图1-1所示。绳子有粗有细，上面的绳结有大有小，分别表示不同的事情。在没有文字的时代，结绳记事既是记录事情的有效工具，同时也是记录数目的重要手段。相传古代波斯王打仗时就常用绳子打结来计算天数。我国古代也有结绳记事的记载，《易经》中就有"结绳而治"的记载。伟大的思想家马克思在他的《摩尔根<古代社会>一书摘要》中也有原始的印第安人使用结绳记事的描述。时至今日，一些没有文字的民族仍然采用结绳来传播信息。

第一章

第二章

第三章

第四章

第五章

第六章

● 图1-1　印加人利用结绳记录事情

　　随着人们生产力水平的提高，计数量也越来越大。上述这些原始的计数方法已不能满足人类的需求，数字由此应运而生。

　　罗马数字是其中比较有代表性的一类。罗马数字的符号共有 7 个，分别是：I（代表 1）、V（代表 5）、X（代表 10）、L（代表 50）、C（代表 100）、D（代表 500）、M（代表 1000）。这 7 个符号不论在位置上怎样变化，它所代表的数字都是不变的。它们按照一定的规律组合起来就能表示任何数字。一些老式的钟表仍然使用罗马数字标注时间，如图 1-2 所示。

● 图1-2　老式的钟表使用罗马数字标注时间

但是罗马数字的计数规则比较复杂，既不利于阅读也不利于计算。相比之下，古代中国的算筹要显得更为先进和科学。所谓算筹就是一种竹制或骨质的小棍，按规定的横竖长短顺序摆好，就可用来计数和运算。

随着算筹的普及，这种算筹的摆法就成为一种计数符号，也用来表示数字。使用算筹进行计算的方法称为筹算。在珠算发明之前，筹算是我国古代最为流行和常用的一种算数方法。筹算的发明为中国数学的发展做出了不可磨灭的贡献。

值得一提的是，从图1-3中可以看到，算筹的数码中没有10的数码。这说明筹算是严格遵循十进制的。9位以上的数就要进一位。同一个数字放在百位上就表示几百，放在千位上就表示几千。这样的计数法在当时世界范围内是非常先进的，因为其他国家真正使用十进制计数已到了公元6世纪末，而我国早在春秋战国时期（公元前770年–公元前221年）就开始使用算筹计算了，足见中国古圣先贤的智慧！

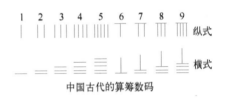

中国古代的算筹数码

● 图1-3 中国古代的算筹和算筹数码

我们熟知的阿拉伯数字是在公元3世纪由印度科学家首先发明的，据说最初的阿拉伯数字只能计数到3，后经古编人在此基础上加以改进，才发明了表达数字的0、1、2、3、4、5、6、7、8、9这10个符号，以此作为计数的基础。

阿拉伯数字真正从印度传到阿拉伯半岛是在阿拉伯人建立了阿拉伯帝国继而征服了北印度旁遮普地区之后的事了。相传印度北部的一些数学家被阿拉伯人掳到巴格达，并强迫他们给当地人传授印度的数学。阿拉伯人惊奇地发现印度的数字和计算方法既简便又快捷，这对善于经商的阿拉伯人来说无疑是个天大的礼物。所以阿拉伯人接受了印度的数字，并将其推广到全世界。这就是为什么虽然我们现在使用的数字符号起源于印度，但是一直被称作阿拉伯数字的原因。

其实早期的阿拉伯数字并不是我们现在使用的样子，现代全球通用的阿拉伯数字的结构是欧洲人改进后的写法。我国曾在20世纪50年代和20世纪60年代先后出土了元代人铸造的阿拉伯幻方和明代人书写的阿拉伯数字，可以看到早期的阿拉伯数字跟我们现代使用的阿拉伯数字差异还是很大的，如图1-4和图1-5所示。

第一章
第二章
第三章
第四章
第五章
第六章

● 图1-4　元代人(上)和明代人(下)书写的阿拉
　　　　　伯数字1~0的对比

● 图1-5　明代铸造的阿拉伯幻方

从自然数到有理数

　　无论哪个国家、哪个地区、哪个民族，数字的发展都是从1，2，3…这样的自然数开始的，因为抽象的自然数直接对应着具体的事物，如图1-6所示。

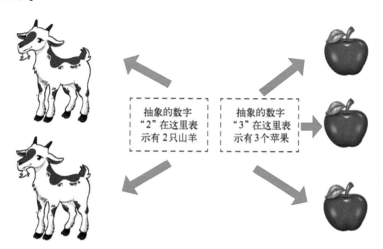

抽象的数字"2"在这里表示有2只山羊

抽象的数字"3"在这里表示有3个苹果

● 图1-6　自然数与具体事物相对应

所以自然数是最直接、最客观的数量表达。但是人们在生产生活中逐渐发现，单纯的自然数是无法完全满足需求的。例如，如果在分配猎物时 5 个人分 4 只猎物，每个人应该得多少呢？10 千克粮食 4 个人分，一个人又能分得多少？这些数量都不是能够用自然数表示的，于是分数的概念便逐渐产生。值得一提的是，中国很早就对分数有了十分深刻的研究，这要比欧洲早上 1400 多年！

不过数的发展也并非一帆风顺，"0"的出现就饱经曲折。相传"0"这个数字起源于古印度，后经阿拉伯人传到欧洲，在阿拉伯数字传入欧洲之前，欧洲人使用罗马数字计数，而罗马数字中并没有"0"。当"0"传到欧洲时，罗马教皇认为"0"是异端邪说，并下令禁止使用。但是历史的进程是不可能被阻挡的，现在"0"早已成为含义最为丰富的数字符号。

- ❖ "0"可以表示没有，也可以表示有，例如，气温是 0℃，并不是说没有气温而只是对温度的一种度量。
- ❖ "0"是正负数之间唯一的中性数，也就是说，"0"既不是正数也不是负数。
- ❖ 任何数（0 除外）的 0 次幂都等于 1。
- ❖ 0! = 1（零的阶乘等于 1）。

……

负数的出现更是一波三折。直到 16、17 世纪，欧洲大多数数学家都不承认负数是数。帕斯卡认为从 0 减去 4 是"纯粹的胡说"。甚至大数学家莱布尼茨也认为负数不应定义为一类数。直到 18 世纪，欧洲的数学家才逐渐接受负数。随着 19 世纪整数理论基础的建立，负数在逻辑上的合理性才真正建立起来。

至此，自然数、分数、0、负数都已诞生，这便构成了完备的有理数集合。图 1-7 总结了有理数的构成。

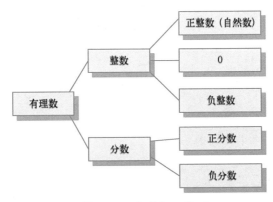

● 图 1-7　有理数的构成

需要指出的是，有理数这个词在英文中叫作 Rational Number，其实 Rational 这个词的词根为"ratio"，它既有"有理、合理"的意思，同时也有"比例、比率"的意思。有学者认为将 Rational Number 翻译成"可比数"更为贴切，因为数学中有理数的定义就是"可以表示为两个整数之比的数"。

如果在一个平面上画一条以 0 为原点，并向左右无限延伸的数轴，原点左边是负数，原点右边是正数，那么有理数便可以全部分散在这条数轴上，如图 1-8 所示。

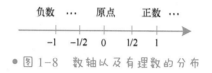

● 图 1-8　数轴以及有理数的分布

至此一切似乎都是那么完美无瑕，人们也似乎看到了数的尽头，但是新的问题又随之产生：是否可以认为这条数轴上的每一个点都对应一个有理数呢？或者说是否可以认为所有的数都是有理数呢？2500 年前，古希腊的毕达哥拉斯学派的确是这样认为的。毕达哥拉斯学派是由古希腊哲学家毕达哥拉斯及其信徒组成的学术派别，其主要研究方向包括数学、科学和哲学。他们认为"有理数"是万物的本源，支配着整个自然界和人类社会。因此世间一切事物都可归结为数或数的比例，这是世界之所以美好和谐的源泉。"所有的数都是有理数"这个观点几乎是当时毕达哥拉斯学派成员及其追随者的共识。但是真理往往掌握在少数人手里，毕达哥拉斯学派的"离经叛道者"希伯索斯彻底推翻了这一切，于是无理数诞生了！这就是下一节要讨论的内容了。

数的进一步发展

人类探索的脚步是永不停歇的，数字的发展也远未到达终点。在无理数被发现后的 2000 多年里，人们对有理数和无理数（统称为实数）的研究已经非常深刻。所以有些人乐观地认为数学的发展已经到达了极致，数字也再无其他新的形式了。但是人们在解方程时发现有些方程在实数范围内是无解的，例如下面这个方程：

$$x^2-x+2=0$$

根据一元二次方程的求根公式，可以如下求解该方程：

$$a=1, b=-1, c=2$$

$$x_1=\frac{-b+\sqrt{b^2-4ac}}{2a}=\frac{1+\sqrt{1-8}}{2}=\frac{1+\sqrt{-7}}{2}$$

$$x_2=\frac{-b-\sqrt{b^2-4ac}}{2a}=\frac{1-\sqrt{1-8}}{2}=\frac{1-\sqrt{-7}}{2}$$

因为根号下是一个负数，所以该方程在实数范围内是无解的。这便给数学的发展带来了一些障碍。为了解决这个问题，数学家们定义了符号 i，并规定 $i^2 = -1$，于是虚数诞生了。后人将实数和虚数结合起来，写成 $a+bi$ 的形式，这就是复数。其中 a 叫作复数的实部，bi 叫作复数的虚部。

复数的发展也是一个漫长的过程。最初许多数学家对复数和虚数感到困惑，认为虚数是"想象的、虚无缥缈的、没有意义的数"。数学家莱布尼茨曾描述虚数为"神灵遁迹的精微而奇异的隐避所，存在和虚妄两界中的两栖物"，可见当时人们对复数和虚数是多么不理解。随着数学的不断发展，复数也越来越被人们所接受。法国数学家棣莫弗、达朗贝尔以及瑞士数学家欧拉都对复数的研究和发展做出过重要的贡献。现在复数已成为数学领域中一门重要的分支，它在系统分析、信号分析、量子力学、流体力学、热力学等诸多学科领域都具有极其重要的作用。

复数也并不是数字发展的终点。在 1843 年，英国数学家哈密顿又提出了"四元数"的概念，四元数在数论、群论、量子理论以及相对论等方面有广泛的应用。以四元数为基础，人们还进行了"多元数"的研究。多元数已超出了复数的范畴，因此人们称其为超复数。

数的发展伴随着数学的发展不断向深度和广度延伸，我们有理由相信，随着科学技术的不断进步，人们探索自然的能力不断提高，数的概念还会不断发展，人们在数的王国中会越走越远。

1.2 $\sqrt{2}$ 引发的血案——无理数的发现与第一次数学危机

难度：★★★

在 1.1 节中我们讲到毕达哥拉斯学派始终认为"一切事物都可归结为数或数的比例""所有的数都是有理数"，这几乎成为当时数学界的一种共识。如果将这个结论用几何的语言来描述，可以描述为给定任意长度的两条线段 A、B，都可以找到第三条线段 C，并以 C 为单位线段可将线段 A、B 划分为整数段。在数学上把线段 A、B 称作可公度量，或可通约量。图 1-9 描述了可公度量的含义。

第一章

第二章

第三章

第四章

第五章

第六章

如图 1-9 所示，线段 A、B 可被线段 C 划分为整数段，因此线段 A、B 是可公度的量，线段 C 称为线段 A、B 的公度。

●图 1-9　线段 A、B 是可公度的

为什么可以通过可公度量来描述有理数呢？这个并不难理解。假设线段 A、B 的长度 l_a 和 l_b 一定是有理数，则 l_a/l_b 通过约分一定能够得到一个既约分数（分子和分母的公约数为1），不妨设这个既约分数为 a/b，其中 a 和 b 都是正整数。所以一定存在有理数 C 使得 $l_a = aC$，$l_b = bC$，其中 C 就是这个公度。所以，如果所有的数都是有理数，则必然可以推导出"任意的两条线段都是可公度的"这一结论。

但是毕达哥拉斯学派的希伯索斯却发现了一个令人震惊的事实——正方形的对角线与该正方形的一条边是不可公度的。这是因为根据毕达哥拉斯定理（勾股定理），一个直角三角形的两直角边的平方和等于其斜边的平方，所以对于如图 1-10 所示的正方形，必然有

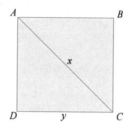

●图 1-10　正方形对角线与边的关系

$$2y^2 = x^2$$

如果线段 x 和 y 是可公度的，则 x/y 一定可约成一个既约分数，不妨设为 a/b，其中 a 和 b 是互质的。所以有

$$\frac{x}{y} = \frac{a}{b}$$
$$\frac{x^2}{y^2} = \frac{a^2}{b^2}$$

$$\frac{2y^2}{y^2} = \frac{a^2}{b^2}$$

$$2b^2 = a^2$$

所以 a^2 是偶数，a 也是偶数。不妨假设 $a = 2k$，于是可推导出

$$a^2 = 4k^2 = 2b^2$$

$$b^2 = 2k^2$$

因此 b^2 是偶数，b 也是偶数。

"a 和 b 都是偶数"的结论与 "a 和 b 是互质的"相矛盾，因为 a 和 b 至少还存在公约数 2。导致这个矛盾的原因就是假设出了错误，所以线段 x 和 y 是不可公度的。如果正方形的一条边长为 1，则该正方形的对角线长度一定不是一个有理数，它等于 $\sqrt{2}$。

希伯索斯（见图 1-11）发现的这一不可公度性与毕达哥拉斯学派的"万物皆为数"的理论产生了矛盾。这在当时令毕达哥拉斯学派的信徒十分惶恐，因为这一发现动摇了他们在学术界的统治地位。一些毕达哥拉斯学派的门徒为了惩治这个"离经叛道者"，将希伯索斯投入地中海，残忍地杀害了他。

● 图 1-11　无理数的发现者——希伯索斯（Hippasus）

然而真理并不会因为希伯索斯被投入大海而被淹没！希伯索斯的这一伟大发现第一次向人们揭示了有理数的缺陷，证明了数轴上不仅仅是稠密排布的有理数，而且还存在着不能用有理数表示的"孔隙"，而且这些"孔隙"多得不可胜数——这就是无理数。如图 1-12 所示为数轴上的无理数 $\sqrt{2}$ 和 $-\sqrt{2}$。

无理数的发现彻底推翻了毕达哥拉斯学派长久以来信奉的"万物皆数"的信条，这一伟大的发现连同"芝诺悖论"一并被称为数学史上的第一次数学危机，它对以后 2000 多年数学的发展产生了深远的影响。

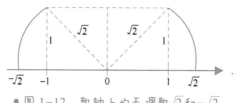

● 图 1-12 数轴上的无理数 $\sqrt{2}$ 和 $-\sqrt{2}$

其实不只有边长为 1 的正方形对角线的长度是无理数，无理数在我们的生活中随处可见。如图 1-13 所示，有一个正五边形，当它的边长为 1 时其对角线长度便是一个无理数，这个数是 $\dfrac{2}{\sqrt{5}-1}$。

还有一个著名的无理数就是图 1-14 所示的圆周率 π。值得一提的是，早在 3000 多年前人们就开始使用圆周率，我国南北朝时期的数学家祖冲之已将圆周率的值精确到了小数点后第 7 位，然而圆周率 π 是否是无理数却一直存在争议，直到 200 多年前，德国数学家兰伯特才证明了 π 是无理数。

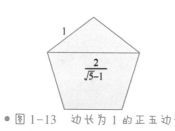

● 图 1-13 边长为 1 的正五边形
其对角线长度为无理数

● 图 1-14 无限不循环小
数——圆周率

知识延拓——数学史上的三次危机

科学的发展从来都不是一帆风顺的，它总是伴随着风浪和曲折。数学也不例外，在数学发展史上就有著名的三次数学危机，使得数学的发展一度陷入困境。然而事物总是有两个方面，也正是因为这三次数学危机才使得人们对数学有了更新角度的探索，从而促进了数学的飞跃式发展。

三次数学危机横跨了 3000 多年的时间，内容涉及无理数、微积分和集合论等数学概念。

第一次数学危机

第一次数学危机发生在公元前 400 年左右。引发第一次数学危机的一个重要事件就是前面讲到的希伯索斯从边长为 1 的正方形的对角线中发现了无理数的存在。这个伟大的发现彻底推翻了毕达哥拉斯学派"万物皆数"的理论，也给希伯索斯带来了杀身之祸。另一个事件则是数学史上一个有趣的悖论——芝诺悖论。芝诺悖论中最为著名的一条悖论就是"阿基里斯追不上乌龟问题"，这个问题向人们揭示了一个深刻的道理，那就是无穷多个数之和不一定是无穷大，还可能会收敛于一个极限的数值。

第一次数学危机在希腊数学家欧多克索斯和阿尔基塔斯两人给出了"两个数的比相等"的新定义后得到了部分的化解。直到 2000 多年以后，人们将数系从有理数系扩展到实数系，第一次数学危机才得到彻底的解决。

第二次数学危机

第二次数学危机发生在 17、18 世纪。它是围绕微积分诞生初期的基础定义展开的一场争论。众所周知，牛顿和莱布尼茨创立了微积分这门学科，他们的贡献在于把各种有关问题的解法统一成微分法和积分法，并提供了明确的计算步骤。但是无论是牛顿还是莱布尼茨都没能很好地阐释什么是无穷小量以及有限量和无穷小量之间的关系等基础问题。随着微积分应用领域的不断扩大，这类基础问题也不断被人们质疑甚至批判。当时的法国数学家罗尔就曾说过："微积分是巧妙的谬论的汇集。"关于微积分的基础问题，数学界甚至哲学界进行了长达一个半世纪的争论，这就是第二次数学危机。

第二次数学危机的解决是在 19 世纪，从波尔查诺、阿贝尔、柯西、狄里赫利等人的工作开始，到维尔斯特拉斯、狄德金和康托尔的工作结束，中间经历了半个多世纪，部分数学家如图 1-15 所示。

阿贝尔 (Niels Henrik Abel)

柯西 (Augustin Louis Cauchy)

康托尔 (Cantor, Georg Ferdinand Ludwig Philipp)

● 图 1-15　数学家阿贝尔、柯西、康托尔

第二次数学危机的解决为数学分析奠定了一个更加严格的基础，也促进了 19 世纪的分析严格化、代数抽象化以及几何非欧化的进程。

第三次数学危机

第三次数学危机产生于 19 世纪末和 20 世纪初。当时康托尔的集合论业已成为现代数学的基础，而正是由于在康托尔的一般集合理论的边缘发现悖论，导致了人们对数学整个基本结构的有效性产生怀疑，从而引发了第三次数学危机。在这些关于集合论的悖论中，最为著名且通俗易懂的就是罗素悖论。

罗素悖论是 19 世纪英国数学家、哲学家、文学家罗素（见图 1-16）于 1919 年提出的。它的内容是"理发师宣布了这样一条原则：他给所有不给自己刮脸的人刮脸，那么理发师是否给自己刮脸？"这显然是一条自相矛盾的原则，如果理发师不给自己刮脸，那么按原则他就应该给自己刮脸；如果理发师给自己刮脸，那么他就不符合他的原则了。

罗素悖论动摇了整个数学大厦的地基，以至于许多数学家对自己的工作产生了怀疑。例如，数学家弗雷格在收到罗素介绍这一悖论的书信后伤心地说："一个科学家所遇到的最不合心意的事莫过于是在他的工作即将结束时，其基础崩溃了。罗素先生的一封信正好把我置于这个境地。"数学家戴德金也因此推迟了他的《什么是数的本质和作用》一书的再版。

● 图 1-16 数学家罗素（Bertrand Arthur William Russell）

为了解除第三次数学危机，数学家们付出了不懈的努力。策梅罗、冯·诺依曼等人提出的公理化集合论体系很大程度上弥补了康托尔朴素集合论的缺陷，成功地排除了集合论中出现的悖论，从而比较圆满地解决了第三次数学危机。

1.3 π 的前世今生

难度：★★

圆周率 π 是一个无理数，它表示圆的周长与直径的比值，这个看似平淡无奇的数字，人们对它的探索却延续了几千年。关于圆周率的计算，从古至今大体上经历了四个时期，分别是实验法时期、几何法时期、分析法时期以及计算机时代。本节我们就来回溯历史，了解一下圆周率 π 的前世今生。

最硬核的计算方法：实验法

早期人们采用最硬核的方法——实验法来计算圆周率 π，也就是用一个圆的周长除以该圆的直径，把这个比值当作 π 的值。如图 1-17 所示，在一块出土的古巴比伦石匾（大约产于公元前 1900 年—公元前 1600 年）上就清楚地记载了圆周率为 25/8 = 3.125。同一时期的古埃及文物——莱因德数学纸草书（Rhind Mathematical Papyrus）中也记载了圆周率等于 16/9 的二次方，约等于 3.1605。

古马比伦石匾　　　　　　　　　莱因德数学纸草书

● 图 1-17　古巴比伦石匾及莱因德数学纸草书

采用实验法计算圆周率固然简单直观，但是误差却很大，而且无法通过理论推导来控制误差的范围。为了得到更加精准的圆周率 π 值，人们继续不断地探索着……

最巧妙的计算方法：几何法

时间进入公元前 2 世纪，古希腊的数学家阿基米德开创了人类历史上通过理论计算圆周率近似值的先河。阿基米德计算圆周率的方法是采用直径为 1 的圆内接正多边形和外切正多边形的边长作为 π 的上下界来逼近圆周率。这种计算圆周率的方法统称为几何法。

不难想象，圆的内接正多边形和外切正多边形的边数越多，其周长就越接近于圆的周长。同时圆内接正多边形的周长一定小于圆的周长，而外切正多边形周长一定大于圆的周长，这样就限定了圆周长的上下界。又因为圆的直径为 1，所以其周长就等于圆周率 π。阿基米德就是通过这种方法计算圆周率的。

如图 1-18 所示，阿基米德从单位圆出发，逐步对圆内接正多边形和外切正多边形的边数加倍，直到加倍到内接正 96 边形和外切正 96 边形为止。最后，他求出圆周率的下界和上界分别为 223/71 和 22/7，并将它们的平均值 3.141851 作

为圆周率 π 的近似值。

阿基米德(Archimedes)

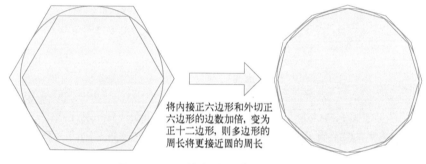

将内接正六边形和外切正
六边形的边数加倍，变为
正十二边形，则多边形的
周长将更接近圆的周长

● 图 1-18　阿基米德计算圆周率的方法

　　同时期的中国在计算圆周长度时则多采用"周三径一"的法则，也就是粗略地认为圆的周长等于直径的三倍。中国古算经典《周髀算经》中就有"周三径一"的记载。但是中国人对这个结论并不满意，汉代的科学家张衡就提出 $\frac{\pi^2}{16} \approx \frac{5}{8}$，也就是 $\pi \approx \sqrt{10}$（约等于 3.162）。张衡提出的圆周率已经比周三径一有了很大的进步，但是仍然存在较大的误差。直到 400 多年后魏晋时期的数学家刘徽提出割圆术的计算方法，圆周率的精度才有了质的飞跃。刘徽割圆术的方法与阿基米德计算圆周率的方法有些类似，不同之处在于割圆术采用圆内接正多边形的面积去逼近圆周率。关于刘徽的割圆术，本书第四章中会有详细的介绍。

　　圆周率的计算精度达到了一个史无前例的新高度是我国南北朝时期的数学家祖冲之计算出的结果。祖冲之通过"缀术"计算出精确到小数点后 7 位的圆周率结果，并得到不足近似值 3.1415926 和过剩近似值 3.1415927，也就是将圆周率 π 的范围精确到了 3.1415926~3.1415927 之间。与此同时，祖冲之还给出了 π 的两个近似分数值——密率$\frac{355}{113}$和约率$\frac{22}{7}$（见图 1-19）。祖冲之计算出的圆周率在当时世界范围内是最精确的，以至于在祖冲之之后的 800 年里都没有人能计算出更为精准的圆周率来。为了纪念祖冲之对圆周率做出的贡献，国际数学界曾提议将圆周率改名为"祖率"。

密率：$\frac{355}{113}$

约率：$\frac{22}{7}$

圆周率范围：
3.1415926~3.1415927

● 图 1-19　祖冲之及他计算出的圆周率

早在 1500 年前祖冲之就能计算出如此高精度的圆周率，足见我国古代数学水平已经发展到了一个很高的程度，同时这也是中国古圣先贤对世界科学发展做出的重大贡献。

最科学的计算方法：分析法

随着数学的不断发展，人们计算圆周率的方法也越来越先进，从最初的实验法到几何法又逐步发展到了分析法。法国数学家韦达开创了用无穷级数去计算 π 值的崭新方向。在随后的岁月里，无穷乘积式、无穷连分数、无穷级数等各种 π 值表达式纷纷出现。使用分析法计算 π 值的优势在于不再需要求取多边形的周长或面积时所需的复杂运算，同时计算出来的 π 值精度也更高。

利用分析法计算 π 值的巅峰当推英国的弗格森和美国的伦奇于 1948 年共同研究并得到的精确到小数点后 808 位的圆周率。弗格森和伦奇的研究成果创造了人工计算圆周率的世界纪录。

最先进的计算方法：使用计算机求取圆周率

时间进入近现代，伴随着计算机的发明，人们的算力得到了飞跃式的提高。π 值的计算也有了突飞猛进的发展。1949 年，美国制造出世界上第一台电子计算机 ENIAC（Electronic Numerical Integrator and Computer）。翌年，数学家里特韦斯纳、冯纽曼和梅卓普利斯利用这台计算机花费了 70 个小时计算出精确到小数点后 2037 位的 π 值。仅仅五年后，海军兵器研究计算机（IBM Naval Ordnance Research Calculator，IBM NORC）只用了 13 分钟就计算出精确到小数点后 3089 位的 π 值。

随着计算机技术的不断革新，计算机性能的迅猛提高，π 值的计算精度也是一日千里。2011 年 10 月 16 日，日本长野县饭田市公司职员近藤茂利用家中改造后的计算机在耗时 1 年后将圆周率计算到小数点后 10 万亿位，刷新了 2010 年 8 月由他自己创下的 5 万亿位吉尼斯世界纪录！

纵观圆周率 π 的前生今世，π 值精度的不断提高伴随的是数学以及科学技术的不断发展。然而时至今日，π 中仍有很多奥秘尚未被人们解开。好在人们对 π 的探索从未停止，π 中蕴含的 "达·芬奇密码" 终将会被人们破解。

1.4 关于素数的那些事

难度：★ ★ ★

> 素数也叫作质数，是除了 1 和它自身之外不能被任何数整除的数。例如 2、3、5、7、11…这些都是素数，因为这些数包含的因数只有 1 和它们自身之外再无其他。而 4、6、8、9、10…这样的数就不是素数，人们称它们为合数。需要注意的是，1 既不是素数也不是合数。

算术基本定理告诉我们：任何一个自然数要么是素数本身，要么可以分解成有限个素数的乘积（即所谓的分解质因数），并且这种分解是唯一的。例如，合数 6 就可以分解成 2×3，而且只能分解成 2×3，其中 2 和 3 都是素数。请注意，$6 = 1 \times 2 \times 3$ 不是分解质因数，因为 1 不是素数。

因为素数具有这样基础的性质，所以数学家们常说："如果把所有的数字比喻成一座大厦，那么素数便是构成数字大厦的砖块和基石"。也正因如此，素数在数学中，特别是在数论及密码学中有着举足轻重的地位。从古至今，数学家们对素数都抱有十分的兴趣，在他们研究素数的过程中发现了有关素数的许多规律和特性，同人也给后人留下了一个又一个素数的谜团。下面我们来看一下关于素数的那些事。

怎样得到素数

既然素数如此重要，我们怎样才能在浩瀚的数字海洋中得到素数呢?

获取素数最简单直观的方法就是根据素数的定义判断一个数是否是素数，如果它是素数，就将这个数收集起来；否则就跳过该数，继续判断下一个数。这种获取素数的方法称为"穷举法"或"穷搜索法"。例如，要找出 1~10 之间的素数就可以使用这种方法，如图 1-20 所示。

● 图 1-20 利用穷举法获取 1~10 范围内的素数

虽然穷举法简单直观，但是效率很低。首先此方法需要判断给定范围内的每一个自然数是否是素数，而素数在自然数中所占的比例是很小的，所以这种方法将大量的时间和运算都消耗到了判断一个数是不是素数上，而不是寻找素数。

其实人们很早就发现了更为巧妙和高效的获取素数的方法，这就是筛法。

筛法是公元前 300 年左右由古希腊数学家埃拉托色尼提出的，因此也叫作埃拉托色尼筛法（The Sieve of Eratosthenes）。用筛法获取素数的基本思想是：将给定的自然数从小到大排列，然后选取里面最小的素数，将其倍数"滤掉"，然后再找到下一个素数，将其倍数"滤掉"，以此类推，直到将给定范围的自然数中所有素数的倍数全部"滤掉"，剩下的就都是素数了。这个过程就好像用一个筛子对给定范围内的自然数进行过滤，滤掉其中所有的合数，剩在筛子里的数就都是素数了。图 1-21 所示为利用筛法获取 1~10 范围内的素数的过程。

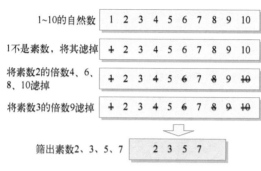

1~10的自然数　1 2 3 4 5 6 7 8 9 10

1不是素数，将其滤掉　~~1~~ 2 3 4 5 6 7 8 9 10

将素数2的倍数4、6、8、10滤掉　~~1~~ 2 3 4 5 ~~6~~ 7 ~~8~~ 9 ~~10~~

将素数3的倍数9滤掉　~~1~~ 2 3 4 5 ~~6~~ 7 ~~8~~ ~~9~~ ~~10~~

筛出素数2、3、5、7　2 3 5 7

● 图1-21　利用筛法获取1~10范围内的素数

利用筛法获取素数的效率要比穷举法高很多。在筛取素数时只需要找出第一个素数（例如2），之后就是删除该素数的倍数（例如4、6、8、10），待全部删完后再取的下一个数无须判断则一定是素数（例如3），只需要将这个素数的倍数（例如9）删除即可。埃拉托色尼筛法获取小于 n 的素数的时间复杂度约为 $O(n \log \log n)$，而穷举法的时间复杂度要达到 $O(n^2)$。

素数到底有多少个

自然数的个数是无穷的，人们又可以通过筛法从自然数中筛选素数，所以人们自然会想到这样一个问题：素数的个数是否也是无穷的呢？其实这个问题早在2000年前古希腊数学家欧几里得（见图1-22）就已经给出了答案——素数的个数是无穷的。

【古希腊】欧几里得

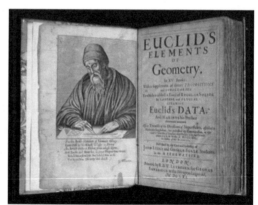

欧几里得所著的《几何原本》

● 图1-22　欧几里得和他的《几何原本》

欧几里得在他的名著《几何原本》中记载了证明素数个数无穷的方法，证法如下。

假设素数是有限的，且最大的素数是 P。设 $Q = (2 \times 3 \times 5 \times \cdots \times P) + 1$，因为 P 是最大的素数，同时 $Q > P$，所以 Q 一定是一个合数。又因为 Q 整除所有的素数后都余 1，即 Q 整除 2 余 1，Q 整除 3 余 1，…，Q 整除 P 余 1，所以 Q 不能被任何素数整除，因此 Q 必然是一个素数。所以 P 就不是最大的素数，这与假设是矛盾的，因此素数有无穷多个。

可见跟自然数一样，素数的个数是无穷的。也正因为有无穷多个素数，人们才能在素数的世界里继续探索下去。

素数是怎样分布的

素数有无穷多个这个论断早在古希腊欧几里得时代就给出了，但是素数在自然数中是如何分布的至今也未被人们完全掌握。我们能否写出一个素数的通式呢？如果能够找到素数的通式，素数的规律就大白于天下了。然而时至今日，人们也没能找到这样一个通式，所以有些人认为"素数就像杂草一样，没有人能够准确预测下一个素数会从哪里冒出来！"。但是也有一些人认为"素数是有其内在的分布规律的，只是人们尚未发现它"。2000 多年来，大量的数学家绞尽脑汁，有的甚至终其一生心血来研究素数的分布规律，希望能揭开素数神秘的面纱。瑞士的数学家欧拉就是其中一位著名的先行者。

欧拉曾在给他朋友的一封信中写道"素数的计算公式在我们这辈子可能是找不到了，不过我还是想用一个式子来表达它，但并不能表示出所有素数，$n^2 - n + 41$，n 等于 1 到 40"。欧拉给出的这个公式在 $n \in [1, 40]$ 都是正确的，但当 $n > 40$ 时就不能保证正确了，所以这并不真正意义上的通式。后来欧拉又提出"如果用 $\pi(x)$ 表示小于 x 的素数的个数，则 $\pi(x) \approx x / \ln x$。"至此人们将素数研究的重点由通式转为计算素数的分布函数 $\pi(x)$。欧拉提出 $\pi(x)$ 的近似表达之后就没有再对素数进行更为深入的研究了，人们对素数的研究也始终没有进展。直到欧拉去世几十年后，数学天才高斯和同时代的数学家勒让德（见图 1-23）相继提出了素数定理，人们对素数的分布才有了更加深入的认识。

素数定理给出了素数分布函数 $\pi(x)$ 的趋近公式，但是它的绝对误差非常大，以至于实际的作用非常小。直到 1859 年，高斯的学生黎曼（见图 1-24）才给出了 $\pi(x)$ 的准确公式。

这是数学家黎曼在一篇名为"论小于某给定值的素数的个数"的论文中提出的公式，该公式形式非常复杂，其中还涉及一个超越函数的非平凡零点问题，正是该问题引申出了一个数学界著名的猜想——黎曼猜想。虽然在知名度上黎曼猜想不及哥德巴赫猜想和费尔马猜想那样出名，但是它在数学上的重要性却远超后两者。

著名的哥德巴赫猜想

人们在研究素数的过程中也发现了素数的许多有趣的特征和规律。这些特征和规律有些已经被人们弄清了原理，有些仍然是不解的谜团，等待着后来者探寻它们的深层原因。其中最为著名的一个谜团就是哥德巴赫猜想。

德国数学家高斯

法国数学家勒让德

素数定理：$\pi(x) = \int_x^\infty \dfrac{\mathrm{d}t}{\ln t} + C$，$C$ 为一个余项

● 图 1-23　数学家高斯、勒让德以及素数定理

德国数学家黎曼

$\pi(x)$ 的准确公式：

$$\pi(x) = \sum_n \frac{\mu(x)}{n} J(x)$$

其中 $\mu(x)$ 为莫比乌斯函数，$J(x)$ 为一个阶梯函数

$$J(x) = Li(x) - \sum_\rho Li(x^\rho) - \ln 2 + \int_x^\infty \frac{\mathrm{d}t}{t(t^2-1)\ln t}$$

ρ 为 ς 函数的所有非平凡零点

● 图 1-24　数学家黎曼和 $\pi(x)$ 的准确公式

　　哥德巴赫猜想是德国数学家克里斯蒂安·哥德巴赫于 1742 年在写给欧拉的信中提出的一个猜想。这个猜想内容是：

　　1）任何一个大于 2 的偶数都可以表示为两个素数之和。

　　2）任何一个大于 5 的奇数是 3 个素数之和。

　　欧拉在回信中表示：他深信哥德巴赫的这两个猜想都是正确的定理，但他不能加以证明。于是哥德巴赫猜想成为数论领域的千古谜团。

　　因为通过猜想 1）很容易推导出猜想 2）的结论，所以猜想 1）最为重要，现在人们熟知的哥德巴赫猜想就是猜想 1）的表述。

如果把命题"任一充分大的偶数都可以表示成一个素因子个数不超过 a 的数与另一个素因子个数不超过 b 的数之和"记作"$a+b$"的话,哥德巴赫猜想其实就是要证明"$1+1$"的正确性。因此人们也习惯地称哥德巴赫猜想问题为"$1+1$"问题。

1900 年,在法国巴黎召开的第二届国际数学家大会上,德国数学家大卫·希尔伯特为 20 世纪数学家建议的 23 个问题中,哥德巴赫猜想就是其中一个问题。然而时至今日哥德巴赫猜想仍未被人类攻克,它已然成为一个世界性的数学难题。

表 1-1 是哥德巴赫猜想证明的推进过程,人类在攻克哥德巴赫猜想的道路上充满了艰辛和曲折。在近半个世纪的研究和探索中,人们已将哥德巴赫猜想的证明从最初的"$9+9$"推进到"$1+2$",走在最前面的是我国著名数学家陈景润(见图 1-25)。

表 1-1　哥德巴赫猜想证明的推进

年　代	成　　果
1920 年	挪威的布朗证明了"9+9"
1924 年	德国的拉特马赫证明了"7+7"
1932 年	英国的埃斯特曼证明了"6+6"
1937 年	意大利的蕾西先后证明了"5+7""4+9""3+15"和"2+366"
1938 年	苏联的布赫夕太勃证明了"5+5"
1940 年	苏联的布赫夕太勃证明了"4+4"
1948 年	匈牙利的瑞尼证明了"1+c",其中 c 是一很大的自然数
1956 年	中国数学家王元证明了"3+4",之后又证明了"3+3"和"2+3"
1962 年	中国的潘承洞和苏联的巴尔巴恩证明了"1+5",中国的王元证明了"1+4"
1965 年	苏联的布赫夕太勃和小维诺格拉多夫,及意大利的朋比利证明了"1+3"
1966 年	中国数学家陈景润证明了"1+2"

曾有人这样生动地比喻哥德巴赫猜想:"自然科学的皇后是数学,数学的皇冠是数论,'哥德巴赫猜想'则是皇冠上的明珠。"陈景润就是离这颗明珠最近的人!

人们之所以热衷于研究素数,不仅仅因为素数是构成数字大厦的"砖块"和"基石",更是因为素数中隐藏着太多奇妙的规律和未解之谜等待人们的探索。除了前面提到的黎曼猜想、哥德巴赫猜想之外,关于素数的著名猜想还有孪生素数猜想、梅森素数猜想、吉尔布雷斯猜想等,另外,神奇的素数螺旋的本质也一直没有被人们所理解。所以人们在素数的研究上仍有很长的路要走,或许素数真的就是宇宙留给人类的密码。

第 一 章

第 二 章

第 三 章

第 四 章

第 五 章

第 六 章

数学家陈景润

徐迟的报告文学《哥德巴赫猜想》

● 图 1-25 数学家陈景润以及徐迟的报告文学《哥德巴赫猜想》

1.5 围墙中的兔子

数学的乐趣不仅在于形形色色的数字，还在于由这些数产生的琳琅满目的趣题。本节我们就来看一道经典而有趣的题目——围墙中的兔子。

意大利数学家列奥纳多·斐波那契在他所著的《算盘全书》中有这样一道有趣的题目：围墙内有一对兔子，每一个月都能生下一对小兔子，而每一对新生的兔子从出生后的第三个月开始也能每个月生下一对兔子（例如，1月份出生的一对兔子，从3月份开始每个月都能生一对兔子）。那么由一对兔子开始，满一年时围墙里共有多少对兔子？

难度：★★

本题是一道经典的算术问题，同时从本题引申出了一个著名的数列——斐波那契数列。下面我们来看一下本题的解法。

在求解这道题之前，首先要排除一些常识性的干扰。按照题目的叙述：新生的一对兔子出生后第三个月开始就可以生小兔子了，所以不用考虑兔子的雌雄及配对问题。

要解决兔子产仔问题，可以从围墙中第一对兔子的产仔开始研究，然后逐步总结归纳出兔子数量的变化规律，进而求出满一年时兔子的数量。

我们可以这样归纳兔子的产仔规律，如图 1-26 所示。

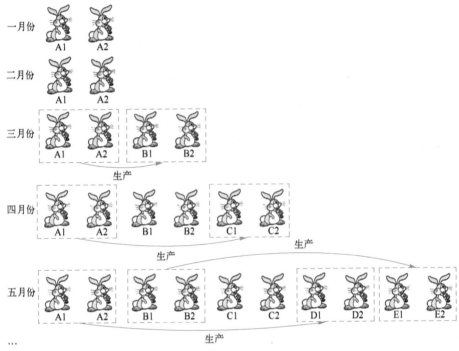

● 图 1-26 兔子产仔规律

一月份：仅有一对新生的兔子(A1，A2)；

二月份：仅有一对兔子(A1，A2)，因为(A1，A2)在出生两个月后才可以生小兔子，所以二月份还没有繁殖能力。

三月份：有兔子(A1，A2)再加上一对新生的兔子(B1，B2)，因为(A1，A2)从第三个月开始就可以产仔了。

四月份：有兔子(A1，A2)加上兔子(B1，B2)再加上一对新生的兔子(C1，C2)，因为兔子对(A1，A2)继续产仔，而兔子对(B1，B2)在四月份还没有繁殖能力。

五月份：有兔子(A1，A2)(B1，B2)(C1，C2)，再加上(A1，A2)所生的(D1，D2)以及(B1，B2)所生的(E1，E2)。(C1，C2)此时还没有繁殖能力，所以不会产仔。

……

如果我们仔细观察每个月兔子数量的变化，就会从中发现一个有趣的规律：后面一个月份的兔子总对数恰好等于前面两个月份兔子总对数的和。如果将每个月的兔子对数排成一个数列，这个数列可表示为

1，1，2，3，5，8，13，21，34，55，89，144，233，377，…

如果用 F_i 表示该数列的第 i 项，则有

$$F_i = \begin{cases} 1 & i=1 \\ 1 & i=2 \\ F_{i-1}+F_{i-2} & i\geqslant 3 \end{cases}$$

后来人们为了纪念数学家斐波那契，就把上面这样的一串数称作斐波那契数列，把这个数列中的每一项数称作斐波那契数。

基于以上分析可知，满一年时围墙里的兔子共有 $F_{12}=144$ 对。

知识延拓——神奇的斐波那契数列

大家不要小看这个仅由自然数组成的斐波那契数列，它里面蕴藏着许许多多神奇的特性。

无理数表示的通项公式

虽然斐波那契数列的每一项都是自然数，然而它的通项公式却很特殊，需要使用无理数来表示，如下：

$$F(n) = \frac{1}{\sqrt{5}}\left[\left(\frac{1+\sqrt{5}}{2}\right)^n - \left(\frac{1-\sqrt{5}}{2}\right)^n\right]$$

这是不是有点令人感到意外？还有更加神奇的特性呢！

偶数项的二次方与奇数项的二次方

斐波那契数列从第二项开始，每个偶数项的二次方都比前后两项之积少 1，每个奇数项的二次方都比前后两项之积多 1，如图 1-27 所示。

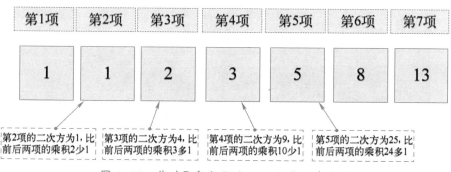

● 图 1-27　斐波那契数列中二次方项的特性示例

很显然，每一个斐波那契数都满足上面这个特性。

黄金分割

在斐波那契数列中随着数列项数的增加，前一项与后一项之比越来越逼近黄金分割的数值。例如，斐波那契数列的第 13 项为 233，第 14 项为 377，则前一项与后一项的比值约为 0.6180371353。斐波那契数列的第 20 项为 6765，第 21 项为 10946，则前一项与后一项的比值约为 0.618033985，相比而言后者更接近真正的黄金分割数值 0.6180339887…。

可整除性

斐波那契数存在这样一些特性：

❖ 每 3 个连续的斐波那契数中有且仅有一个被 2 整除。

❖ 每 4 个连续的斐波那契数中有且仅有一个被 3 整除。

❖ 每 5 个连续的斐波那契数中有且仅有一个被 5 整除。

❖ 每 6 个连续的斐波那契数中有且仅有一个被 8 整除。

❖ 每 7 个连续的斐波那契数中有且仅有一个被 13 整除。

以此类推，每 n 个连续的斐波那契数中有且仅有一个能被 $F(n)$ 整除，其中 $F(n)$ 表示斐波那契数列中的第 n 项的数值。

除了上述斐波那契数自身的特性之外，在自然界中居然也蕴藏着斐波那契数列的身影。

最典型的例子就是向日葵的种子。如果我们仔细观察向日葵的花盘就会发现，向日葵的种子在盘面上呈两组螺旋线排布，一组是顺时针方向盘绕，另一组是逆时针方向盘绕，彼此相互嵌套。而这两组螺旋线的条数刚好就是相邻的两个斐波那契数，它们可能是 34 条和 55 条、55 条和 89 条或者 89 条和 144 条。除此之外，松果的种子、菠萝果实上的鳞片、花椰菜表面的结构也都有类似的规律，如图 1-28 所示。

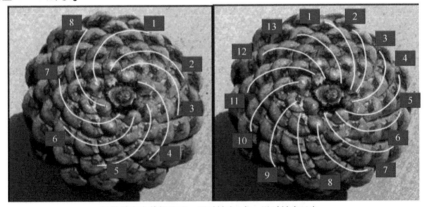

松果果实上的螺旋线，顺时针有8条，逆时针有13条

● 图 1-28 松果上的斐波那契数

第一章

第二章

第三章

第四章

第五章

第六章

有的生物学家认为按照这种方式排列种子是一种自然选择的结果，因为这种排列方式使得种子堆积得最为密集，这将有利于生物繁衍后代。

除此之外，树木在生长过程中都会有分枝，如果从下往上数一数分枝的条数就会发现，分枝的数目刚好是 1、1、2、3、5、8…这样排布，这恰好构成了一个斐波那契数列。如图 1-29 所示。

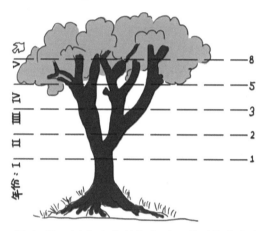

● 图 1-29　树木的分枝数构成了斐波那契数列

有科学家解释这种现象类似于兔子繁殖后代：成熟的树枝每隔一段时间都会萌发新芽，而萌出的新芽则需要等上一段时间变为成熟的树枝后才能萌发新芽。图 1-30 可以解释这个道理。这个规律就是生物学上著名的 "鲁德维格定律"。

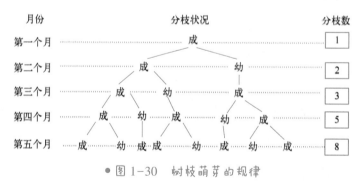

● 图 1-30　树枝萌芽的规律

斐波那契数列的神奇之处远不止以上几种，大到宇宙太空银河系，小到一朵花一个贝壳，到处都有斐波那契数列的身影。而人们对斐波那契数列的研究也从未停止，相信随着科学技术的不断发展，人们对斐波那契数列的研究将会更加深入和彻底。

1.6 舍罕王赏麦

舍罕王是古印度国的一个国王，他的宰相达依尔为了讨好舍罕王发明了国际象棋，并作为礼物献给了舍罕王。舍罕王十分高兴，要赏赐达依尔，并许诺可以满足达依尔的任何要求。狡猾的达依尔指着桌上的棋盘对舍罕王说："陛下，请你按棋盘上的格子赏赐我一些小麦吧，第一个格子赏我 1 粒小麦，第二个格子赏我 2 粒小麦，第三个格子赏我 4 粒，以后每一个格子都比前一个格子麦粒数增加 1 倍即可，只要把棋盘上的全部 64 个格子填满，我就心满意足了"。舍罕王当然不以为然，满口答应下来，结果当舍罕王计算麦粒时却大惊失色。请问舍罕王计算的结果是多少粒麦子？

难度：★★

> 乍看上去达依尔的要求似乎并不过分，毕竟棋盘格子上的小麦是按粒计算的，且从 1 粒开始增加，所以给人的一种错觉就是达依尔要的小麦并不多。但是如果仔细计算一下麦粒的个数，答案却是惊人的。

题目已知第一个格子的麦粒数为 1，第二个格子的麦粒数为 2，第三个格子的麦粒数为 4，…，以后每个格子中的麦粒数都是前一个格子的 2 倍，这样第 64 个格子的麦粒数就是 2^{64-1}，64 个格子的麦粒数加在一起就是

$$\sum_{i=1}^{64} 2^{i-1} = \frac{1 - 2^{64}}{1 - 2} = 18\,446\,744\,073\,709\,551\,615$$

因此舍罕王要赏赐达依尔 18 446 744 073 709 551 615 粒小麦。18 446 744 073 709 551 615 粒小麦有多少呢？我们把它换算成更加直观的表达。根据常识每千克小麦有 17 200 ~ 43 400 粒，取中间值 30 000 粒/千克，那么 18 446 744 073 709 551 615 粒小麦大约是 614 891 469 123 651.720 5 千克。2018 年我国小麦总产量约为 131 430 000 000 千克，这样算来舍罕王要赏赐给达依尔的小麦数量大约是 4678 年的中国小麦产量的总和，这真是一个天文数字！

舍罕王之所以失算，原因在于他不懂得"几何级数增长"这个数学概念。在数学中几何级数又被称为等比级数，它定义为

第一章

第二章

第三章

第四章

第五章

第六章

$$\sum_{k=0}^{\infty} aq^k = a + aq + aq^2 + \cdots + aq^i + \cdots$$

其中 q 为公比，当 $|q| < 1$ 时，该级数收敛，也就是存在一个确定的和；当 $|q| \geqslant 1$ 时，该级数发散，也就是该级数的和趋于无穷大。

所谓几何级数增长就是指数列的每一项按照几何级数的形式成倍增长。当 $|q| > 1$ 时，几何级数增长的速度是非常快的，后一项是前一项的 q 倍，我们称之为指数爆炸。正如本题中所展示的，第一个棋盘格子中仅有 1 粒小麦，之后每一个格子中的小麦数量都是前一个格子的 2 倍，到了第 64 个格子小麦的数量就膨胀到 2^{64-1}，即 9 223 372 036 854 775 808，这已经是一个很大的数了。然后再将每个格子中的小麦数量累加起来，其结果必将非常庞大。

知识延拓——指数爆炸

达依尔之所以骗过了舍罕王，就是利用麦粒的数量在 64 个格子中快速增长的特性。起初第一个格子中只有 1 粒麦子，这很具有迷惑性，会让人误以为麦粒并不多。但是以后每个格子中的麦粒数都是前一个格子的 2 倍，当格子数多达 64 个的时候，这个数量就会非常巨大。如果用变量 y 表示当前格子中麦粒的数量，用变量 x 表示第几个格子，则 x 和 y 之间存在函数关系 $y = 2^{x-1}$。因为这个指数函数的底数为常量 2（大于 1），所以 y 会随着 x 的增加而急速膨胀。这个增长趋势可通过函数 $y = 2^{x-1}$ 的曲线图 1-31 表现出来。

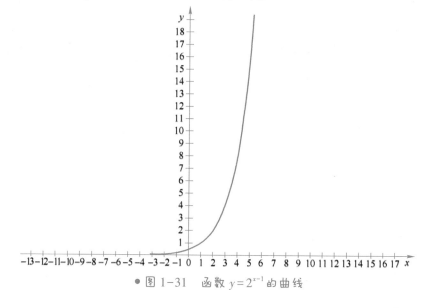

● 图 1-31　函数 $y = 2^{x-1}$ 的曲线

从图 1-31 中很容易看出，函数 $y = 2^{x-1}$ 中因变量 y 会随着自变量 x 的增加而加速增长，这就是所谓的指数爆炸现象。

指数爆炸现象可以应用到很多领域，如密码学领域。对于一个具有 n 位长度的密钥，使用暴力法破解的时间复杂度为 $O(2^n)$，其中 n 为密钥 key 的长度。也就是说，应用暴力破解法尝试破解的次数与密钥 key 的位数 n 是呈指数关系的，密钥的长度每增加 1 位，尝试破解的次数就扩大 1 倍。所以可以利用指数爆炸的特性，通过增加密钥的长度的方法来对抗暴力破解。

1.7 烧脑的警犬辨毒问题

刑侦组在搜查一伙毒贩的窝点时发现了 7 瓶无色无味的液体，外表完全一样，但其中一瓶是毒药。刑警只带了 3 只警犬，需要通过警犬尝毒的方法找出哪瓶是毒药。已知警犬喝过毒药两小时后就会死亡，然而由于案情紧急，刑警们必须在两小时后找出这瓶毒药侦察才能继续下去。请问如何在两小时后确定哪瓶是毒药。

难度：★★★★

有的读者可能会不假思索地给出答案：一条警犬就够了！让警犬一瓶一瓶地尝试，每尝一瓶液体就等两小时，总能知道哪瓶是毒药。但是这样做时间就不够了，刑警必须在两小时后找出毒药，而警犬服毒后两小时才会死亡，所以一瓶一瓶地尝试时间上肯定来不及。我们必须利用有限的资源找到一种快速辨别毒药的方法。

因为总共只有 3 只警犬，但是共有 7 瓶液体，所以如果让一只警犬仅仅尝试一个瓶子中的液体，则一次最多只能尝试 3 瓶。然而谁也不能保证尝试的 3 瓶液体中一定有那瓶毒药，所以让一只警犬每次仅尝试一瓶液体的方法依然不能保证在两小时后找出那瓶毒药。

于是我们自然会想到：每只警犬仅尝试一瓶液体是不够的，需要同时尝试多瓶液体才有可能在规定的时间内找到毒药。然而新的问题又来了，如果一只警犬同时喝下了多瓶液体并且在两小时后死亡，那如何辨别该警犬喝下的哪瓶液体是毒药呢？

所以我们又会想到：同一瓶液体必须让不同的警犬都有尝试，并且这种尝试方式是唯一的。这样当警犬死亡时就可以通过液体和警犬之间的对应关系确定哪瓶是毒药了。

基于以上思考，我们可以这样解决"警犬辨毒"问题。

因为总共有 3 只警犬，如果给每只警犬分别编号并规定每只警犬仅有"喝下液体"和"不喝液体"这两种状态，则 3 只警犬一共可以组成 8 种状态。如图 1-32 所示。

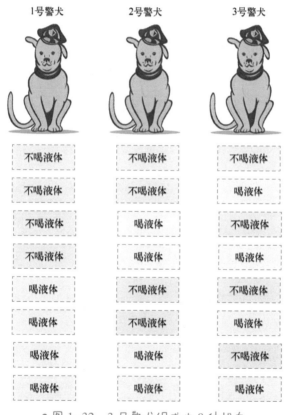

● 图 1-32 3 只警犬组成的 8 种状态

除去第一种状态（每只警犬都不喝液体）外，余下共有 7 种状态。此时再给 7 瓶液体分别贴上 1~7 号的标签，让这 7 种状态分别对应 1~7 号瓶的液体。如图 1-33 所示。

这里规定警犬只按照对应的状态尝试液体，例如第一种状态是（1 号：不喝；2 号：不喝；3 号：喝），此时就让编号为 3 的警犬喝 1 号瓶的液体，其他两只警犬都不喝；再例如第五种状态是（1 号：喝；2 号：不喝；3 号：喝），此时就让编号为 1 和 3 的警犬也喝 5 号瓶的液体，而 2 号警犬不喝。不难想象，当某一瓶液体有毒时，对应的状态中喝掉液体的警犬就会在两小时后死亡。假如6号瓶液体有毒，而6号瓶对应的状态是（1号：喝；2号：喝；3号：不喝），所以1号和2号警犬必然会在两小时后死亡，3号警犬肯定不会死亡。通过这种方法就可以确保在两小时后找出哪瓶液体是毒药。

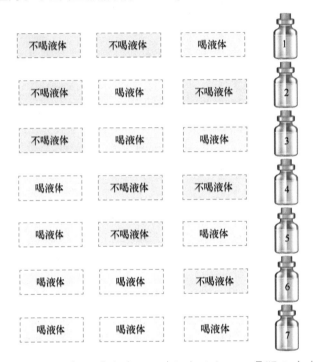

● 图1-33　警犬喝液体的7种状态对应1~7号瓶的液体

其实在实际操作中没有必要按照图1-33所示的7种状态依次让对应的警犬尝试对应编号的液体，我们只需要将每种"喝液体"状态对应编号的液体混合起来，再分别将混合后的液体给对应的警犬尝试即可。具体来说，可将编号为4、5、6、7的液体混合起来给1号警犬喝掉；将2、3、6、7号液体混合起来给2号警犬喝掉，将1、3、5、7号液体混合起来给3号警犬喝掉，这样就可以在两小时后根据死亡的警犬确定哪瓶液体有毒了。

在上面这个实例中，我们通过3只警犬可以组合出8种尝试液体状态的特性解决了这个辨毒的问题。其实这里用到了"二进制数"的思想。对于每一只警犬，它的"喝液体"和"不喝液体"构成了两种状态，对应到二进制数中就相当于二进制的0和1。一个3位的二进制数总共可以组合成8种状态（000~111），分别对应了十进制数中的0~7，其中的1~7恰好可以对应到编号为1~7的液体上，于是就可以巧妙地解决这个问题，如图1-34所示。

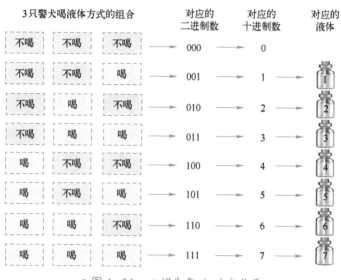

● 图1-34 二进制数的对应关系

知识延拓——十进制与二进制

我们日常生活中的计数都是采用十进制计数法的，在十进制计数法中只能用 0、1、2、3、4、5、6、7、8、9 这 10 个数字表示一个数，一个数中不同的数位表示的含义也不同。例如，一个十进制数 12345，共有 5 个数位，每个数各自的含义如图 1-35 所示。

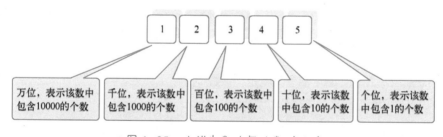

● 图1-35 十进制数中每个数位的含义

因此十进制数字 12345 的含义就是：该数中包含 1 个 10000、2 个 1000、3 个 100、4 个 10 和 5 个 1，即

$$12345 = 1 \times 10^4 + 2 \times 10^3 + 3 \times 10^2 + 4 \times 10^1 + 5 \times 10^0$$

所以用十进制计数法表示一个数时，该数的数值就等于每个位上的数字乘以该位对应的权值之和。

33

十进制计数法自古有之，我们前面讲过中国古代采用算筹计数，而算筹计数就是采用十进制计数法。另外在出土的古埃及和古印度的文物中也都有使用十进制计数的记载。其实也有特例，巴比伦文明的楔形数字采用的是六十进制计数，而玛雅数字则是二十进制计数，但大多数文明还是采用的十进制计数法。之所以大家都习惯于使用十进制计数可能跟人类有十根手指有关。古希腊哲学家亚里士多德曾说："人类普遍使用十进制，只不过是绝大多数人生来就有十根手指这样一个解剖学事实的结果"。

虽然十进制计数法很符合人类的使用习惯，但是并不适合计算机使用。众所周知，计算机的核心部件是中央处理器（CPU），而构成计算机 CPU 的主要电子元件是二极管，二极管具有单向导通的特性，也就是说，二极管只有"通电"和"不通电"这两个状态。人们把这两种状态抽象成数字 1 和 0，1 表示通电，0 表示不通电。而十进制中共有 0~9 这 10 个数字，也就是对应了 10 个状态，所以计算机处理起来很不方便，因此使用二进制码作为计算机处理的数据就成为必然的选择。

我们可以通过类比十进制计数法来理解二进制计数法。在二进制计数法中只能用 0 和 1 这两个数字表示一个数。在一个数中不同的数位表示的含义也不相同。例如一个二进制数 11001，共有 5 位，其含义如图 1-36 所示。

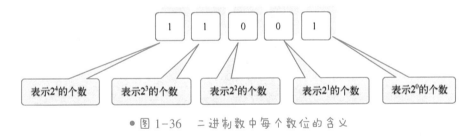

● 图 1-36　二进制数中每个数位的含义

因此二进制数 11001 的含义就是：该数中包含 1 个 2^4、1 个 2^3、0 个 2^2、0 个 2^1 和 1 个 2^0 即

$$11001 = 1\times2^4+1\times2^3+0\times2^2+0\times2^1+1\times2^0 = 25$$

不难看出，二进制数跟我们熟悉的十进制数很类似，只是每个数位代表的含义不同，对于十进制数，它的第 i 位（i 从 0 开始，从右至左）表示 10^i；对于二进制数，它的第 i 位（i 从 0 开始，从右至左）则表示 2^i。

第二章

人人都来掷骰子

——有趣的概率问题

2.1 达朗贝尔错在哪里

这 是一道有趣的题目，大意是：18 世纪法国著名科学家达朗贝尔有一个邻居，邻居家有一个非常可爱的小女孩，达朗贝尔非常喜欢这个小女孩，所以经常跟她聊天。有一天小女孩出了一道她自认为很难的数学题来考这位大科学家。

"抛掷两枚 5 分的硬币在地上，两个都出现反面的可能性占多少?"

达朗贝尔不假思索地给出了答案："抛掷两枚 5 分的硬币，那么出现的情况只有 3 种可能——可能是两个反面，可能是一正一反，也可能是两个正面，所以两个都是反面的可能性占 1/3"。

小女孩在一旁不禁大笑起来，并说道："大科学家也会犯这么低级的错误啊"。达朗贝尔猛然意识到了自己的错误，脸一下子通红，并感到十分羞愧。你知道达朗贝尔错在哪里吗?

难度：★

解决本题的关键就是要知道硬币被抛出落地后会有多少种可能的状态出现，我们将它记作 N，那么出现"两个都是反面"的可能性就是 $1/N$ 了。

达朗贝尔给出的答案中 N 等于 3，他认为两枚硬币落地后无外乎就是三种状态，即"两个都是反面""一正一反"和"两个都是正面"，但是这个结论是错误的。从宏观上看达朗贝尔说的似乎没错，但是如果我们把两枚硬币单独来看，结论就不一样了。

假设第一枚 5 分硬币的正面为 A，背面为 A′；第二枚 5 分硬币的正面为 B，背面为 B′。那么两枚硬币落地后可能出现的状态如图 2-1 所示。

所以全部的可能性为 4 种，而两个都出现反面的可能只有一种，即（A′B′），所以概率应当是 1/4 而非达朗贝尔所说的 1/3。

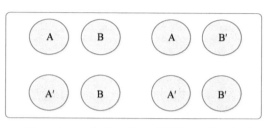

● 图 2-1　两枚硬币落地后可能出现的状态

我们沿着这个思路继续思考下去，抛出"一正一反"的硬币的概率是多少呢？因为硬币可能出现的状态有 4 种，而"一正一反"可能有两种组合，所以这个概率为 1/2。

导致达朗贝尔犯错的原因就是他错误地计算了两枚硬币任意正反面组合可能出现的状态数。构成"一正一反"这个状态本身有两种组合，即（A,B'）和（A',B），这是截然不同的两个状态，而达朗贝尔却直觉地当成了一种状态。如果把题目稍加修改："抛掷两枚硬币，一个 5 分，一个 1 分……"，那么达朗贝尔可能就不会犯这么低级的错误了。

2.2　掷骰子游戏

骰子俗称色（shai）子，是一种中国传统的博彩道具。骰子本身是一个正六面体（正方体），每个面上刻有不同数量的点，六个面上分别刻有 1，2，3，…，6 这 6 个点。不要小看这个不起眼的骰子，里面也蕴藏着丰富的概率知识！

甲、乙、丙、丁四人凑在一起玩掷骰子游戏，甲首先掷骰子，结果一下掷出了最大点两个 6（两个骰子均 6 点面朝上）。旁边的乙、丙、丁三人不由得惊呼："一开始运气就这么好啊，这 1/12 的概率都让你一下就给碰上了！"

其实乙、丙、丁三人都犯了一个原则性的错误，就是用两个骰子掷出 12 点的概率并非 1/12，那正确的概率是多少呢？两个骰子可以掷出很多种点数的组合，这些组合的概率又是多少呢？

首先我们来分析只有一个骰子的情况。如果只掷一个骰子，那么结果有六种可能，即1~6点数的面朝上，这是显而易见的。由于六种结果的任何一种掷出的概率都相等，因此可以得到一个骰子掷出不同点数的概率。

$$P_1 = P_2 = P_3 = P_4 = P_5 = P_6 = \frac{1}{6} = 0.1667$$

其中 P_1 表示掷出 1 点的概率，P_2 表示掷出 2 点的概率，$\cdots$，P_6 表示掷出 6 点的概率。

但是两个骰子就没有那么简单了。这里先要明确一点的是，随机掷出两个骰子可能出现的结果一共有 11 种，即 2~12。这是显而易见的，因为无论我们如何掷骰子，结果只能是两个面朝上，而朝上的两个面的点数最小是 2（掷出两个 1 点的情况），最多是 12（掷出两个 6 点的情况），所以其结果只可能是 2，3，4，$\cdots$，11，12 这 11 种可能之一。

但是，掷出每一种结果的概率却是不同的，我们只需要简要地分析一下就可以明确这个结论。比如掷出 12 点只有一种组合方式，也就是骰子 A 是 6 点，骰子 B 是 6 点，除此之外没有其他组合方式；而掷出 8 点的方式就很多了，例如骰子 A 是 6 点，骰子 B 是 2 点，或者骰子 A 是 3 点，骰子 B 是 5 点，还有其他组合这里暂时不逐一列出，我们想说明的是，每种结果的组成种类多少是不同的，因此概率也不一样。

那么问题来了，随机掷两个骰子一共有多少种点数组合方式呢？答案是 36 种。因为骰子 A 可以有 6 种点数选择，骰子 B 同样可以有 6 种点数选择，将两个骰子的点数选择种类相乘，就得到了两个骰子的点数组合方式。也就是说，36 种点数组合方式构成了 11 种点数结果。

前面已经提到，掷出 12 点只可能有一种组合方式，即骰子 A 掷出 6 点，骰子 B 掷出 6 点，而任意掷出的骰子可能有 36 种点数组合方式，所以掷出 12 点的概率为

$$P_{12} = \frac{1}{36} = 0.0278$$

所以并不是乙、丙、丁认为的1/12。

再看一下 8 点的所有组合。为了便于说明，在这里用 (a,b) 表示骰子 A 和骰子 B 的点数。使用这种表达方式，可以写出所有构成 8 点的点数组合：$(2,6)(3,5)(4,4)(5,3)(6,2)$。通过穷举我们知道，组成 8 点一共有 5 种组合方式，需要说明的一点是 $(2,6)$ 和 $(6,2)$ 是两种不同的组合方式，前者代表骰子 A 是 2 点而

骰子 B 是 6 点，后者代表骰子 A 是 6 点骰子 B 是 2 点，因此得到掷出 8 点的概率为

$$P_8 = \frac{5}{36} = 0.1389$$

可见掷出 12 点的概率和掷出 8 点的概率是不同的。仿照上面计算掷出 8 点概率的方式，我们可以计算出掷出 2~12 点各种结果的概率，见表 2-1。

表 2-1　掷出 2~12 点的所有组合方式及概率

点数结果	组 合 方 式	概　率
2	(1,1)	$P_2 = \frac{1}{36} = 0.0278$
3	(1,2)(2,1)	$P_3 = \frac{2}{36} = 0.0556$
4	(1,3)(2,2)(3,1)	$P_4 = \frac{3}{36} = 0.0833$
5	(1,4)(1,3)(3,2)(4,1)	$P_5 = \frac{4}{36} = 0.1111$
6	(1,5)(2,4)(3,3)(4,2)(5,1)	$P_6 = \frac{5}{36} = 0.1389$
7	(1,6)(2,5)(3,4)(4,3)(5,2)(6,1)	$P_7 = \frac{6}{36} = 0.1667$
8	(2,6)(3,5)(4,4)(5,3)(6,2)	$P_8 = \frac{5}{36} = 0.1389$
9	(3,6)(4,5)(5,4)(6,3)	$P_9 = \frac{4}{36} = 0.1111$
10	(4,6)(5,5)(6,4)	$P_{10} = \frac{3}{36} = 0.0833$
11	(5,6)(6,5)	$P_{11} = \frac{2}{36} = 0.0556$
12	(6,6)	$P_{12} = \frac{1}{36} = 0.0278$

通过观察表 2-1 中的结果不难发现一个有趣的现象，所有的概率都是对称出现的，例如掷出 11 点的概率等于掷出 3 点的概率，掷出 5 点的概率等于掷出 9 点的概率。还有一个现象是位于表两端的概率最低，也就是掷出 2 点和掷出 12 点的概率最低，越向中间靠拢概率越高，处于中间的概率达到最高值，也就是掷出 7 点的概率最高。表中列出的所有组合方式解释了这两个现象的原因。

第一章 第二章 第三章 第四章 第五章 第六章

通过上面两题，我们知道了一种计算概率的方法，这就是古典概率模型。古典概率是最为简单、最容易理解，也是人们最早开始研究的一种概率模型。

使用古典概率的模型求解概率问题有两个基本的前提：①所有的可能性是有限的；②每个基本结果发生的概率是相同的。在满足这两个条件的情况下，就可以用古典概率模型求解某一随机事件的概率。如果用更加抽象的数学语言来描述，可以对古典概率模型做如下定义。

假设一个随机事件共有 n 种可能的结果（n 是有限的），并且这些结果发生的可能性都是均等的，而某一事件 A 包含其中 s 个结果，那么事件 A 发生的概率 $P(A)$ 就可以定义为

$$P(A) = \frac{s}{n}$$

这就是古典概率的定义。

上面两题就是典型的古典概率模型的例子。对于抛硬币的事件，虽然抛出的硬币有 3 种结果，即两个正面、两个反面、一正一反，但是构成这 3 种结果的组合方式共有 4 种，即 $(A,B)(A',B)(A,B')(A',B')$，所以事件的可能性 $n=4$，而出现两个都是反面的组合方式只有一种 (A',B')，即 $s=1$，所以这个概率为 1/4。掷骰子游戏则更复杂一些，因为随机掷出两个骰子可能的点数组合方式是有限的（共 36 种可能），而且掷出每一种组合的概率又是相同的（假设骰子的质地是均匀的），也就是说，掷出 $(1,1)(1,2)(2,2)\cdots(5,6)(6,6)$ 这 36 种组合的概率都是相同的。同时每一种点数结果对应了明确的点数组合方式（见表 2-1），例如点数为 4 的组合方式为 $(1,3)(2,2)(3,1)$ 三种，点数为 8 的组合方式为 $(2,6)(3,5)(4,4)(5,3)(6,2)$ 五种，……所以可以应用古典概率模型来求解此题。也就是用点数结果对应的组合方式数除以全部的点数组合方式数（36）即为掷出该点数的概率。

掌握了古典概率模型，我们可以继续来思考更为复杂的问题，例如，投掷两个骰子，掷出的点数不大于 8 的概率是多少？

我们只需要计算出"点数不大于 8"的组合方式数，再用这个数除以 36 就是答案了。那么根据表 2-1 的总结，可以知道点数不大于 8 的组合方式为

点数为 2：$(1,1)$
点数为 3：$(1,2)(2,1)$
点数为 4：$(1,3)(2,2)(3,1)$
点数为 5：$(1,4)(1,3)(3,2)(4,1)$

点数为 6：(1,5)(2,4)(3,3)(4,2)(5,1)

点数为 7：(1,6)(2,5)(3,4)(4,3)(5,2)(6,1)

点数为 8：(2,6)(3,5)(4,4)(5,3)(6,2)

共 26 种，所以投掷两个骰子点数不大于 8 的概率为 26/36≈0.722。

2.3 赌球游戏的坑有多大

小镇上来了一伙人，在镇中心的闹市区开设赌球游戏，这个游戏的规则很简单。在一个单面敞口的盒子里有 12 个小球，6 个红色的小球和 6 个绿色的小球，游戏的参与者从盒子里面随机摸出 6 个小球，然后根据摸到的小球兑奖，中奖规则见表 2-2。

表 2-2 中奖规则

中奖级别	中奖方式	奖项
特等奖	6 个红球或 6 个绿球	免费获得 50 元
一等奖	5 个红球 1 个绿球或者 1 个红球 5 个绿球	免费获得 10 元
二等奖	4 个红球 2 个绿球或者 2 个红球 4 个绿球	免费再来一次
三等奖	3 个红球 3 个绿球	仅需 10 元换购价值 30 元的进口沐浴套装

这个游戏吸引了小镇上很多人前来参与。乍一听这个游戏非常划算，在所有的摸奖结果里面只有一种结果需要花钱买东西，听起来好像稳赚不赔，可实际情况却大相径庭，大多数的游戏参与者最后都乖乖地掏钱买了所谓的进口沐浴套装，这个所谓的进口商品只是一个包装上全是英文的三无产品，价值不会超过两块钱。其实这个貌似出人意料的结果并不奇怪，我们从概率的角度可以轻而易举地看清这个赌球游戏的坑有多大！

既然已经知道这个游戏就是个骗局，读者想必也不难猜出骗子是如何行骗的。虽然看起来只有一种中奖方式需要花钱买东西，但实际上由于每种抽奖结果的概率不同，因此不能简单以种类的多少来衡量中奖的比例。我们在图 2-2 中用黑白两色表示绿球和红球，下面来计算一下每种抽奖结果的概率具体是多少。

首先看一下一共有多少种抽取方式。游戏规则是从 12 个小球中随机抽取 6 个，这符合排列组合中组合的概念，因此可以有如下种抽取方式：

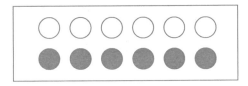

● 图 2-2　红球和绿球

$$C_{12}^6 = \frac{12 \times 11 \times 10 \times 9 \times 8 \times 7}{6!} = 924$$

再看一下抽取 5 个红球和 1 个绿球共有多少种抽取方式。抽取方法相当于从 6 个红球中抽取 5 个红球，然后再从 6 个绿球中抽取 1 个绿球，因此可以有如下种抽取方式：

$$C_6^5 C_6^1 = \frac{6 \times 5 \times 4 \times 3 \times 2}{5!} \times \frac{6}{1!} = 36$$

抽取 1 个红球和 5 个绿球的方法与抽取 5 个红球和 1 个绿球的方法类似，相当于从 6 个红球中抽取 1 个红球，然后再从 6 个绿球中抽取 5 个绿球，它的抽取方式仍有 36 种。

通过上面得到的结果可以算出一等奖的中奖概率为 $2 \times 36/924 = 7.7922\%$。根据同样的计算方法可以得到表 2-3 所示各个奖项的中奖概率。

表 2-3　所有奖项分别的中奖率

中奖级别	中奖率
特等奖	$P_0 = 2 \times \dfrac{C_6^6}{C_{12}^6} = \dfrac{2}{924} = 0.2164\%$
一等奖	$P_1 = 2 \times \dfrac{C_6^5 \times C_6^1}{C_{12}^6} = \dfrac{72}{924} = 7.7922\%$

(续)

中 奖 级 别	中 奖 率
二 等 奖	$P_2 = 2 \times \dfrac{C_6^4 \times C_6^2}{C_{12}^6} = \dfrac{450}{924} = 48.7013\%$
三 等 奖	$P_3 = \dfrac{C_6^3 \times C_6^3}{C_{12}^6} = \dfrac{400}{924} = 43.2900\%$

通过计算各个奖项的获奖概率不难看出，超过九成的参与者会得到二等奖或三等奖，只有一小部分会得到最终免费得到特等奖和一等奖。假设一个人获得三等奖骗子会获利 8 元，如果有 100 人参与这个游戏，那么这个骗子大约可以获利

$$(-50) \times 0.2164 + (-10) \times 7.7922 + 0 \times 48.7013 + 8 \times 43.2900 = 257.578 \text{ 元}$$

可见天下没有免费的午餐，这种看起来稳赚不赔的游戏背后竟然也隐藏着一个陷阱，所以小便宜还是不要贪图为好。

知识延拓——排列与组合

本题依然是通过古典概率模型求解的，解题的关键是要计算出"每个奖项红球与绿球组合的抽取方法的数目"以及"从 12 个小球中随机抽取 6 个的抽取方法的数目"，然后将两者相除即为该级别奖项的中奖概率。但与此同时，由于本题涉及的问题规模较大，抽取小球的方法较多，无法使用穷举的方法将抽取小球的所有可能一一列出，因此用到了排列组合的方法。

排列组合是数学中的一个基本概念，也是研究概率统计的基础。排列与组合两者既有联系又有区别。所谓排列就是指从给定个数的元素中取出指定个数的元素进行排序，而组合指的是从给定个数的元素中仅仅取出指定个数的元素，而不考虑排序问题。下面通过两个例子来理解排列与组合的概念。

■ 问题1：从编号为 1~5 的 5 个球中任意摸取 3 个球，共有多少种可能的结果?

这就是一个典型的组合问题。因为题目中要求计算摸到 3 个球有多少种可能的结果，而每一个结果只是一组编号的组合，与这组编号的排列无关。例如摸到的三个球编号分别是 1、3、5，那么这个组合就是一种结果，它完全等价于组合 $(1,5,3)(3,1,5)(3,5,1)(5,1,3)(5,3,1)$。也就是说，这里考虑的重点是摸到的 3 个球都包含了哪些编号，而并不考虑这些编号的球是怎样排列的。

计算组合数的方法很简单，可以套用下面的公式：

$$C_m^n = \frac{m \times (m-1) \times \cdots \times (m-n+1)}{n!}$$

其中 C_m^n 表示从 m 个数中任取 n 个数可能的组合数。很显然，当 $m=n$ 时，上述公式变为

$$C_m^m = \frac{m \times (m-1) \times \cdots \times 1}{m!} = \frac{m!}{m!} = 1$$

这里要计算从编号为 1~5 的 5 个球中任取 3 个球可能的组合数，应用上面的公式便可以很容易地计算出这个组合数为

$$C_5^3 = \frac{5 \times 4 \times 3}{3!} = 10$$

■ 问题 2：奖箱中共有 5 个球，编号为 1~5，开奖嘉宾从奖箱中随机摸取 3 个球，并组成一个 3 位数号码，请问有多少种中奖号码？

与问题 1 不同，这是一个典型的排列问题。从问题 1 的答案中我们知道，从 5 个球中摸取 3 球，可能有 10 种不同的结果。但是这里还要将摸到的 3 个球的编号组成一个 3 位数的号码作为中奖号码，因此还要考虑一下这 3 个球的编号的排列问题。例如开奖嘉宾摸到得三个球的编号分别是 1、3、5，那么将这 3 个编号组成一个 3 位数就可能有 135、153、315、351、513、531 这 6 种排列方式，因此这里不但要考虑摸到的 3 个球的编号是什么，还要考虑这 3 个编号如何排列组成一个 3 位数。

计算排列数的方法也可以套用下面这个公式：

$$P_m^n = m \times (m-1) \times \cdots \times (m-n+1)$$

其中 P_m^n 表示从 m 个数中任取 n 个数并进行排列所得到的全部结果的个数。很显然，当 $m = n$ 时，上述公式变为

$$P_m^m = m \times (m-1) \times \cdots \times 1 = m!$$

这样的排列也称为 m 的全排列。

问题 2 的描述是从编号为 1~5 的 5 个球中任取 3 个球，并将其编号进行排列组成一个 3 位数号码，要计算 3 位数的号码共有多少个。其实就是计算 P_5^3 是多少。根据上述公式可得

$$P_5^3 = 5 \times 4 \times 3 = 60$$

也就是说共有 60 种中奖号码。

2.4 海盗的抽签

8 个海盗在一处破旧的城堡中发现一个价值连城的古董，他们都想据为己有，所以谁也不肯将这个古董让给别人。最后他们同意抽签来决定古董最终归谁，于是他们用大小相等的卡片做了 8 个签子，其中只有一个签

子上写上"Yes"，其余的签子都写上"No"，然后将 8 个签子放到一个仅能伸进一只手的玻璃瓶中，大家轮流抽签，抽到"Yes"的海盗可以获得这个古董。但是当他们决定抽签时问题又来了，谁都觉得先抽签的人抽中的概率更大。于是 8 个海盗又争执不下。请问真的如海盗们认为的那样先抽签的人抽中"Yes"的概率更大吗？抽签的先后顺序会不会影响抽签结果呢？

难度：★★★

为了更加清晰地解释这个问题，我们给每个海盗规定一个抽签顺序，然后从第一个抽签的海盗开始，计算一下每一个海盗抽中"Yes"的概率是多少。

海盗甲第一个抽签，这时候处于图 2-3 所示的状态——8 个签都还没有被抽取，其中有一个签上写有"Yes"，其余 7 个签写有"No"。海盗甲从 8 个签里面选择一个签，只有一种可能中签，因此中签的概率是 $1/8 = 0.125$，而未中签的概率是 $7/8 = 0.875$。

● 图 2-3 海盗甲抽签的初始状态

海盗乙第二个抽签，这时候还剩余 7 个签，分两种情况考虑概率。如果海盗甲已经抽中"Yes"，状态如图 2-4 所示，那么剩余的 7 个签无论海盗乙如何选择，都不可能抽中；如果海盗甲没有抽中"Yes"，状态如图 2-5 所示，那么剩余的 7 个签里面有一个是"Yes"，海盗乙需要在剩余 7 个签中抽取一个，所以抽中"Yes"的概率是 $1/7$。将这两种情况的概率相加就是海盗乙中签的概率。

第一章
第二章
第三章
第四章
第五章
第六章

● 图 2-4 海盗甲中签后的状态

● 图 2-5 海盗甲未中签的状态

$$P=P_1+P_2=\frac{1}{8}\times0+\left(1-\frac{1}{8}\right)\times\frac{1}{7}=\frac{1}{8}=0.125$$

通过上述的概率计算可以发现，海盗甲和海盗乙的中签概率是相同的，也就是第一个抽签和第二个抽签的中签概率相同，这个难道是巧合么？为了证明这一点，再计算一下海盗丙的中签概率。

海盗丙第三个抽签，这时候还剩余 6 个签，同样用计算海盗乙的方法来计算海盗丙，还是分两种情况考虑概率。如果海盗甲或者海盗乙已经抽中，状态如图 2-6 所示，那么剩余的 6 个签无论海盗丙如何选择，都不可能抽中；如果海盗甲和海盗乙都没有抽中，状态如图 2-7 所示，那么剩余的 6 个签里面一定有一个"Yes"，海盗丙需要在剩余 6 个签中抽取一个，此时抽中的概率是 1/6。将这两种情况的概率相加就是海盗丙中签的概率。

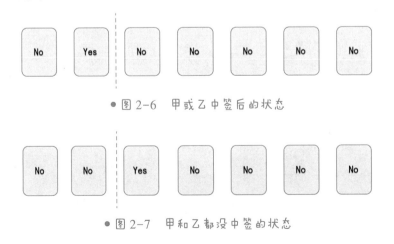

● 图 2-6 甲或乙中签后的状态

● 图 2-7 甲和乙都没中签的状态

第一章

第二章

第三章

第四章

第五章

第六章

$$P=P_1+P_2=\left(\frac{1}{8}+\frac{1}{8}\right)\times 0+\left(1-\frac{1}{8}-\frac{1}{8}\right)\times\frac{1}{6}=\frac{1}{8}=0.125$$

用同样的方法可以计算出其他 6 个海盗的中签概率，我们将全部 8 个海盗的中签概率用表 2-4 记录下来。

表 2-4　每位海盗中签的概率

中签概率	
海盗甲	$P=\dfrac{1}{8}=0.125$
海盗乙	$P=P_1+P_2=\dfrac{1}{8}\times 0+\left(1-\dfrac{1}{8}\right)\times\dfrac{1}{7}=\dfrac{1}{8}=0.125$
海盗丙	$P=P_1+P_2=\dfrac{2}{8}\times 0+\left(1-\dfrac{2}{8}\right)\times\dfrac{1}{6}=\dfrac{1}{8}=0.125$
海盗丁	$P=P_1+P_2=\dfrac{3}{8}\times 0+\left(1-\dfrac{3}{8}\right)\times\dfrac{1}{5}=\dfrac{1}{8}=0.125$
海盗戊	$P=P_1+P_2=\dfrac{4}{8}\times 0+\left(1-\dfrac{4}{8}\right)\times\dfrac{1}{4}=\dfrac{1}{8}=0.125$
海盗己	$P=P_1+P_2=\dfrac{5}{8}\times 0+\left(1-\dfrac{5}{8}\right)\times\dfrac{1}{3}=\dfrac{1}{8}=0.125$
海盗庚	$P=P_1+P_2=\dfrac{6}{8}\times 0+\left(1-\dfrac{6}{8}\right)\times\dfrac{1}{2}=\dfrac{1}{8}=0.125$
海盗辛	$P=P_1+P_2=\dfrac{7}{8}\times 0+\left(1-\dfrac{7}{8}\right)\times 1=\dfrac{1}{8}=0.125$

通过观察表 2-4 的结果不难发现，每个海盗的无论排在第几个抽签，中签概率是相同的。之所以人们在很多情况下愿意先抽，多半是因为一种心理作用。人们担心一旦前面的人抽中的话，自己就没有机会了，如果先抽则命运肯定会掌握在自己手中，但是被忽略的一点是，如果前面的人没有抽中，那么后面的人抽中的概率就会增加，综合两种情况，可以得出中签概率不受抽签先后顺序影响的结论。

知识延拓——条件概率与全概率公式

条件概率是指在一个事件已经发生的情况下另一个事件发生的概率。例如有两个事件 A 和 B，在事件 B 已经发生的情况下事件 A 发生的概率就称为 B 条件下 A 发生的概率。条件概率用公式表示如下：

$$P(A\mid B)=\frac{P(AB)}{P(B)}$$

在条件概率公式里，$P(A|B)$ 表示条件概率，也就是事件 B 发生的情况下事件 A 发生的概率，$P(AB)$ 表示事件 A 和事件 B 同时发生的概率，$P(B)$ 表示事件 B 发生的概率。公式看起来似乎有些抽象，下面通过一个具体的例子来说明条件概率公式是如何运用的。

假设有 3 个骰子，已知在掷出的结果中 3 个骰子的点数各不同，那么 3 个骰子中含有 6 点的概率是多少？

在运用条件概率公式时首先要确定事件 A 和事件 B，对于上述这个掷骰子的问题来说，事件 A 是"3 个骰子中含有 6 点"，事件 B 是"3 个骰子中点数各不相同"。我们要计算的就是 $P(A|B)$ 这个条件概率。

明确了两个事件之后，首先要求解事件 B 发生的概率，也就是 3 个骰子点数各不相同的概率。这个问题相对比较简单，我们只需要知道所有点数组合的种类以及其中 3 个骰子点数各不相同的组合种类就能计算出事件 B 的概率。由于每个骰子有 6 种可能的点数，因此 3 个骰子所有的点数组合有 6×6×6 种；要保证 3 个骰子点数各不相同，第一个骰子有 6 种可选的点数，第二个骰子不能与第一个骰子点数相同，因此有 5 种可选的点数，而第三个骰子与前两个点数都不能相同，因此有 4 种可选的点数，综上所述，3 个骰子点数各不相同的组合有 6×5×4 种，由此可以得到事件 B 发生的概率为

$$P(B) = \frac{6 \times 5 \times 4}{6 \times 6 \times 6} = \frac{5}{9}$$

接下来就要求解事件 A 和事件 B 同时发生的概率，也就是掷出的 3 个骰子点数各不相同并且其中有一个骰子是 6 点的概率。根据古典概率模型，我们需要先知道所有点数组合的种类以及其中 3 个点数各不相同并且包含 6 点的组合种类，进而计算出事件 A 和事件 B 同时发生的概率。

已知其中有一个骰子的点数为 6 点，这个骰子可以是 3 个骰子中的任意一个，所以有 3 种选择；第二个骰子为了保证点数各不相同只有 5 种点数选择；第三个骰子只有 4 种点数选择。综上所述，3 个骰子点数各不相同并且其中有一个 6 点的组合共有 3×5×4 种，由此可以得到事件 A 和事件 B 同时发生的概率为

$$P(AB) = \frac{3 \times 5 \times 4}{6 \times 6 \times 6} = \frac{5}{18}$$

最后通过条件概率公式就可以得到如果 3 个骰子的点数都不同，那么其中含有 6 点的概率为

$$P(A|B) = \frac{P(AB)}{P(B)} = \frac{1}{2}$$

全概率是将一个复杂的概率问题转化为不同条件下发生的一系列简单概率的

第一章

第二章

第三章

第四章

第五章

第六章

求和问题，全概率公式如下：

$$P(A)=P(A\mid B_1)\times P(B_1)+P(A\mid B_2)\times P(B_2)+\cdots+P(A\mid B_n)\times P(B_n)$$

在全概率公式中，B_1、B_2、$\cdots$、B_n构成了一个完备的事件组，它们两两之间没有交集，并且合并起来成为全集，即$P(B_1)+P(B_2)+\cdots+P(B_n)=1$。$P(A\mid B_n)$则表示在事件$B_n$发生的条件下，事件A发生的概率。

其实在计算"海盗抽签"这个问题时，应用的就是全概率公式。以计算海盗乙中签的概率为例。设$A_甲$表示"海盗甲中签"这个事件，$A_乙$表示"海盗乙中签"这个事件，因为海盗乙是第二个抽签者，所以当海盗乙抽签时只存在两种可能的情形——海盗甲已中签和海盗甲未中签，这里事件$A_甲$和事件$\neg A_甲$（表示海盗甲未中签，读作A事件的"非"）构成了一个完备组，即$P(A_甲)+P(\neg A_甲)=1$。因此这里可以使用全概率公式求解海盗乙中签的概率：

$$P(A_乙)=P(A_乙\mid A_甲)P(A_甲)+P(A_乙\mid\neg A_甲)P(\neg A_甲)$$

因为$P(A_甲)=\dfrac{1}{8}$，$P(A_乙\mid A_甲)=0$，$P(\neg A_甲)=\dfrac{7}{8}$，$P(A_乙\mid\neg A_甲)=\dfrac{1}{7}$，所以$P(A_乙)=\dfrac{1}{8}\times 0+\left(1-\dfrac{1}{8}\right)\times\dfrac{1}{7}=\dfrac{1}{8}=0.125$。

2.5 轰炸堡垒

两军开战，有三架轰炸机分别携带一枚炸弹对敌军堡垒进行轰炸，由于战斗机性能的差异，三架轰炸机命中敌军堡垒的概率分别为0.4、0.5和0.7。一旦堡垒被击中，堡垒被击中一、二、三次后被摧毁的概率分别为0.2、0.6和0.8，那么在三架轰炸机一轮轰炸结束之后敌军堡垒被摧毁的概率是多少？

难度：★★★★

本题较上一题有些复杂，但仍然可以使用全概率公式进行求解。

假设事件 A 为堡垒被摧毁，事件 B_n 表示有且仅有 n 架轰炸机击中堡垒。根据全概率公式可以得到

$$P(A) = P(A|B_1) \times P(B_1) + P(A|B_2) \times P(B_2) + P(A|B_3) \times P(B_3)$$

其中 $P(A|B_1) \times P(B_1)$ 表示只有一架轰炸机命中堡垒并且将堡垒摧毁的概率；$P(A|B_2) \times P(B_2)$ 表示其中两架轰炸机命中堡垒并且将堡垒摧毁的概率；$P(A|B_3) \times P(B_3)$ 表示三架轰炸机全部命中堡垒并且将堡垒摧毁的概率。将这三个概率相加就得到三架轰炸机经过一轮轰炸后，堡垒被摧毁的概率。

题目中已知堡垒被击中一、二、三次后被摧毁的概率分别为 0.2、0.6 和 0.8，也就是 $P(A|B_1) = 0.2$，$P(A|B_2) = 0.6$，$P(A|B_3) = 0.8$。所以接下来只要计算出 $P(B_1)$、$P(B_2)$、$P(B_3)$，再套用上面的全概率公式就可以求出堡垒被摧毁的概率。

首先分析一下只有一架轰炸机命中堡垒的概率。只有一架轰炸机击中堡垒有三种情况，第一架轰炸机击中而第二架、第三架没有击中，其概率为 $0.4 \times 0.5 \times 0.3$；或者第二架轰炸机击中而第一架、第三架没有击中，其概率为 $0.6 \times 0.5 \times 0.3$；或者第三架轰炸机击中而第一架、第二架没有击中，其概率为 $0.6 \times 0.5 \times 0.7$。综上所述，三架轰炸机只有一架轰炸机命中堡垒的概率为 $0.4 \times 0.5 \times 0.3 + 0.6 \times 0.5 \times 0.3 + 0.6 \times 0.5 \times 0.7 = 0.36$。

再分析一下有两架轰炸机命中堡垒的概率。两架轰炸机命中堡垒仍然有三种情况，第一架、第二架轰炸机击中第三架没有击中，其概率为 $0.4 \times 0.5 \times 0.3$；或者第一架、第三架轰炸机击中而第二架没有击中，其概率为 $0.4 \times 0.5 \times 0.7$；或者第二架、第三架轰炸机击中而第一架没有击中，其概率为 $0.6 \times 0.5 \times 0.7$。综上所述，三架轰炸机有两架轰炸机命中堡垒的概率为 $0.4 \times 0.5 \times 0.3 + 0.4 \times 0.5 \times 0.7 + 0.6 \times 0.5 \times 0.7 = 0.41$。

三架轰炸机全部命中堡垒的概率为 $0.4 \times 0.5 \times 0.7 = 0.14$。

最后运用全概率公式就可以得到三架轰炸机经过一轮轰炸后，敌军堡垒被摧毁的概率为

$$P(A) = 0.2 \times 0.36 + 0.6 \times 0.41 + 0.8 \times 0.14 = 0.43$$

需要注意一点的是，上述公式中其实还缺少一项 $P(A|B_0) \times P(B_0)$，也就是没有任何一架轰炸机击中堡垒时能摧毁堡垒的概率，其中 $P(B_0) = 0.6 \times 0.5 \times 0.3 = 0.09$，这样 $P(B_0) + P(B_1) + P(B_2) + P(B_3) = 0.09 + 0.36 + 0.41 + 0.14 = 1$，构成一个完备组，也就是说，在这轮轰炸中要么没有飞机击中堡垒；要么仅有一架飞机

第一章

第二章

第三章

第四章

第五章

第六章

击中堡垒；要么有两架飞机击中堡垒；要么三架飞机都击中了堡垒，而没有其他的可能，如图 2-8 所示。

全部可能性相加为1，构成完备组			
没有任何飞机击中堡垒的概率为0.09	有且仅有1架飞机击中堡垒的概率为0.36	有且仅有2架飞机击中堡垒的概率为0.41	有且仅有3架飞机击中堡垒的概率为0.14

● 图 2-8　所有事件可能性相加为 1 构成完备组

但是因为 $P(A \mid B_0)$ 必然为 0，所以此项可忽略。最终经过三架轰炸机的一轮轰炸，敌军堡垒被摧毁的概率为 0.43。

2.6 左轮手枪

个欠了高利贷的赌徒被债主用手枪威胁，这个手枪是一把六发左轮手枪，六个弹槽都空着，债主把两颗子弹装入弹槽，并且两颗子弹是相邻的，然后债主用手指拨动左轮让轮子逆时针转动了几圈并把枪口对着赌徒的头，扣动了扳机，所幸第一枪撞针没打中子弹。

然后债主跟赌徒说："我还要再打一枪，如果这一枪还是空弹，那么你欠的钱一笔勾销，否则你就只能用你的性命还债了！不过给你一个机会，你可以选择让我直接扣动扳机，或再旋转轮子一下（逆时针旋转）后再扣扳机。"请问赌徒应该怎样选择生还的可能性最大？

如图 2-9 所示为六发左轮手枪弹槽示意图。这个左轮弹槽只能逆时针旋转，手枪的撞针会对应其中一个弹槽，如果弹槽中有子弹，则扣动扳机后子弹会被射出；如果对应的弹槽中没有子弹，则扣动扳机后没有子弹射出。每扣动一次扳机，弹槽都会逆时针移动一个位置。

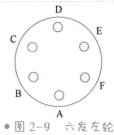

● 图 2-9 六发左轮手枪弹槽示意图

从图 2-9 中可以看出，如果第一枪撞针没打中子弹，那么撞针的位置只可能位于 A、B、C、D 其中的一点。接下来如果不再转动左轮，而是直接开下一枪，要使撞针可以打中子弹，则第一枪的撞针一定位于弹槽 D 处。这个道理是显而易见的，因为弹槽只能逆时针旋转，且每次扣动扳机转动一个弹槽的位置，所以如果下一枪撞针能够打中子弹，则一定是打中弹槽 E 中的子弹，所以第一枪的撞针一定位于弹槽 D 处。因此直接扣动扳机打下一枪能够射出子弹的概率是已知第一枪没有射出子弹而撞针位于弹槽 D 的概率，这个概率显然是 1/4。

其实也可以用条件概率公式来求出这个概率。假设事件 A 表示第一枪没有射出子弹，事件 B 表示第二枪射出子弹，需要计算的就是 $P(B \mid A)$ 这个条件概率。根据条件概率公式 $P(B \mid A) = P(AB)/P(A)$，需要分别求出 $P(AB)$ 和 $P(A)$ 这两个概率，$P(AB)$ 表示第一枪没有射出子弹但是第二枪射出子弹的概率。根据左轮手枪的射击规则，只有第一枪撞针位于弹槽 D 处才符合这个要求，所以 $P(AB) = 1/6$。$P(A)$ 表示第一枪没有射出子弹的概率，显然只要撞针位于 A、B、C、D 其中任意一点都能满足要求，则 $P(A) = 2/3$。所以 $P(B \mid A) = 1/4$。

如果在打下一枪之前任意转动左轮，那么第二枪能否射出子弹就与第一枪的结果没有任何关系了，因为它们是完全独立的两个事件，所以第二枪能射出子弹的概率就是 2/6，也就是 1/3。

综合比较上述两种情形，如果直接扣动扳机打下一枪，射出子弹的概率为 1/4；如果在打下一枪之前任意转动左轮，射出子弹的概率为 1/3。因此赌徒应选择直接打下一枪，这样生还的概率比较大。

第一章

第二章

第三章

第四章

第五章

第六章

2.7 赌徒的分钱问题

在17 世纪，有一个赌徒向法国著名数学家帕斯卡挑战，给他出了一道题目：甲、乙两个人赌博，他们两人获胜的概率相等，比赛规则是先胜三局者为赢家，一共进行五局，赢家可以获得100 法郎的奖励。当比赛进行到第四局的时候，甲胜了两局，乙胜了一局，这时由于某些原因中止了比赛，那么如何分配这 100 法郎才比较公平？

难度：★★

解决本题的关键是要找一种合理地分配100 法郎的依据。如何分配这笔钱才是最合理的呢？我们可以用概率的思想来解决这个问题。因为这场赌博已经进行到第四局而被提前终止，所以如果基于已有的赌博结果计算出接下来甲获胜的概率以及乙获胜的概率，就可以按照这个获胜的概率来分配100 法郎。例如接下来甲获胜的概率为 70%，乙获胜的概率为 30%，那么甲分得70 法郎，乙分得30 法郎才是最合理的。

下面就来看一下基于已有的赌博结果，接下来甲和乙获胜的概率分别是多少。已知比赛采取五局三胜制，同时甲、乙两人已经比赛了三局，甲胜了两局，乙胜了一局，如果继续比赛，甲获胜的概率有多大呢？

我们可以这样思考：如果第四局比赛甲获胜，那么甲就赢得了三局的比赛，所以甲最终获胜。但是这并不是全部的可能，如果第四局的比赛是乙获胜，则第四局后甲乙各赢两局，所以还要第五局比赛定胜负。因此在计算甲的获胜概率时必须要考虑这两种情况，这其实就是一个全概率问题。

假设事件 A 表示甲最终获胜，事件 B 表示甲赢得了第四局赌博，那么根据全概率公式可知 $P(A)=P(A\mid B)P(B)+P(A\mid\neg B)P(\neg B)$。

因为每一局赌博中甲、乙两人获胜的概率都是相等的，所以甲赢得第四局赌博的概率 $P(B)=50\%$。同时如果第四局赌博甲获胜，那么甲将 100% 地赢得最终的比赛，即 $P(A\mid B)=100\%$，所以这部分概率为 $50\%\times100\%$。

当然甲仍有 50% 的概率输掉第四局，即 $P(\neg B)=50\%$，一旦甲输掉了第四局赌博就要进行第五局赌博，在第五局中甲还有 50% 的概率获胜，因此甲在输掉第四局的条件下最终获胜的概率为 $P(A\mid\neg B)=50\%$，所以这部分概率为 $50\%\times50\%$。

综上所述，甲继续比赛的获胜率为 $50\%\times100\%+50\%\times50\%=75\%$。

用同样的方法可以计算乙获胜概率。如果在第四局中乙获胜，则此时甲乙两方比平，仍要进行第五局的赌博，所以有 50% 的获胜率，因此这部分概率为 $50\%\times50\%$；如果在第四局中乙失败，则甲获胜，所以乙获胜的概率为 0。综上所述，乙继续比赛的获胜率为 $50\%\times50\%+50\%\times0=25\%$。

因此最合理的分配方法是赌徒甲获得 $100\times75\%=75$ 法郎，赌徒乙获得 $100\times25\%=25$ 法郎。

2.8 同年同月同日生

当你上学的时候是否有过这样的经历——班上的某两个同学是同年同月同日生，甚至你跟班上的某个同学也是同年同月同日生。遇到这种事情时，你是否会感慨"天下竟然还会有这样巧合的事情啊！"这件事真的这样不可思议吗？在我们周围遇到这样生日相同的朋友的概率究竟有多大呢？

难度：★★★

> 我们先假设班里只有两个人 A 和 B，那么他们生日在同一天的概率很容易计算。因为无论 A 是哪天出生，B 只能跟他同一天，也就是 365 天中只有 1 天可以选择，因此如果一个班只有两个人，那么他们生日同一天的概率为 1/365 = 0.002740。

如果班里有三个人 ABC，情况就要复杂一些了，可以分为 AB 同天、AC 同天、BC 同天以及 ABC 都同天这四种情形。这里 AB 同天隐含了信息 C 与 AB 不同天。由于前三种情况雷同，我们只看 AB 同天这一种。无论 A 哪天出生，B 在 365 天中只有 1 天可以选择，C 跟 AB 不同天，那么 C 有 364 天可以选择，因此 AB 同天的概率为（1/365）×（364/365）= 0.002732。同理 BC 同天和 AC 同天的概率也都为 0.002732。而 ABC 同天的概率为（1/365）×（1/365）= 0.000008。把所有的概率加起来就是三个人至少有两个人同一天生日的概率：0.008204。这个概率似乎还是很小，不到百分之一，但是已经是两个人情况的 3 倍了，因此我们似乎察觉到什么，至少可以预测到一个趋势。

沿着这条思路再往下看，如果有四个人 ABCD，那么就可以分为 AB 同天、AC 同天、AD 同天、BC 同天、BD 同天、CD 同天、ABC 同天、ABD 同天、ACD 同天、BCD 同天以及 ABCD 同天。情况似乎多了很多！试想如果按照这种方法计算到 40 个人（假设一个班级里有 40 个学生），那将是一件相当复杂的事情。其实我们可以换个思路解决这个问题。如图 2-10 所示，整个图（外圈加里圈）表示所有的可能，即概率 1，其中外层的圆圈（不含内层圆圈）表示至少有两个人生日同天的可能，内层的圆圈表示所有人生日都不是同一天的可能。既然外层圆圈部分很难求，我们就要通过逆向思维，求内层圆圈的部分，然后用整体减去内层圆圈部分就可以得到外层圆圈部分。

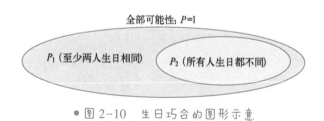

● 图 2-10　生日巧合的图形示意

如图 2-10 所示，将至少两个人同一天生日的概率称为 P_1，将所有人生日都不同天的概率称为 P_2，可知 $P_1 + P_2 = 1$，因此 $P_1 = 1 - P_2$。这样我们就成功地将求 P_1 的问题转换成求 P_2 的问题。

为了简单起见，我们还是先以一个班中有两个人为例引入。现在先求 AB 生日不是同一天的概率，然后再求 AB 生日同天的概率。无论 A 哪天出生，B 只要不和 A 同天即可，那么 365 天中 B 就有 364 天可以选择，因此 AB 不同天的概率为 $364/365 = 0.997260$。AB 同天概率为 $1 - 0.997260 = 0.002740$。

那么一个班如果三个人呢，在换成求 ABC 三个人生日都不同天的概率后，与两个人的情况相比，也并没有复杂到哪里去。无论 A 哪天出生，B 都有 364 天可以选择，C 要保证与 AB 都不同天，所以 C 在 365 天中有 363 天可以选择，也就是 A 的生日和 B 的生日这两天都不能选择，因此 ABC 三个人不同一天出生的概率为 $(364/365) \times (363/365) = 0.991796$。ABC 至少有两人同天的概率为 $1 - 0.991796 = 0.008204$。

如果班里人数更多呢，算法都是一样的，一点也不复杂。计算所有人生日不同天概率的时候，第一个人总是可以选择任意一天，第二个人可以选择 $365 - 1 = 364$ 天，第三个人可以选择 $365 - 2 = 363$ 天，第四个人可以选择 $365 - 3 = 362$ 天，第十个人可以选择 $365 - 9 = 356$ 天，第 N 个人可以选择 $365 - N + 1$ 天。

根据上述概率计算公式，我们很容易得出表 2-5 的结论。

表 2-5 至少两人同天生日的概率

人　数	至少两人生日同天概率
2	$P = 1 - \dfrac{364}{365} = 0.002740$
3	$P = 1 - \dfrac{364}{365} \times \dfrac{363}{365} = 0.008204$
10	$P = 1 - \underbrace{\dfrac{364}{365} \times \dfrac{363}{365} \times \cdots \times \dfrac{357}{365} \times \dfrac{356}{365}}_{9\uparrow} = 0.116948$
23	$P = 1 - \underbrace{\dfrac{364}{365} \times \dfrac{363}{365} \times \cdots \times \dfrac{344}{365} \times \dfrac{343}{365}}_{22\uparrow} = 0.507297$
40	$P = 1 - \underbrace{\dfrac{364}{365} \times \dfrac{363}{365} \times \cdots \times \dfrac{327}{365} \times \dfrac{326}{365}}_{39\uparrow} = 0.891232$

根据计算结果可以看出，当一个班人数只有 10 人的时候，出现重复生日的概率刚刚超过 10%，当一个班的人数达到 23 人的时候，出现重复生日的概率就已经超过 50%，如果一个班的人数达到 40 人，出现重复生日的概率就接近 90%。

这么一看，有两人生日同一天真的一点也不稀奇！

2.9　单眼皮与双眼皮的奥秘

<big>小</big>明是单眼皮看起来很精神，可他却怎么也高兴不起来，因为小明喜欢双眼皮，特别羡慕双眼皮的小朋友。让小明更加疑惑不解的是，爸爸妈妈都是双眼皮，为什么唯独自己是单眼皮呢？夜深人静的时候，躺在床上辗转反侧的小明甚至怀疑自己是不是爸爸妈妈从孤儿院里抱来的。你能帮助小明打开心结，为他解释一下他是单眼皮的原因吗？

难度：★★★

> 首先简单了解一下遗传学的基本知识。我们身体上的许多特征都是从父母身上遗传过来的，比如单眼皮还是双眼皮、卷舌还是平舌、弯拇指还是直拇指等。这些特征都是由基因决定的，而这些具有遗传特征的基因都是成对存在的。如果用单个字母表示一个基因，那么成对的基因就可以表示成两个字母的形式。这里面最重要的一句话就是，遗传基因是成对存在的，两个基因共同决定了人体的某一个特征。

还有一个要点是显性基因和隐性基因，为了更好地理解这个概念，我们来看一个例子。假设卷舌基因是 A，平舌基因是 a，那么构成卷舌或平舌特征的基因对可能是 AA、Aa 和 aa。不难理解 AA 表示卷舌，aa 表示平舌，那么 Aa 表示什么呢？答案是卷舌。因为卷舌是显性基因，也就是说，在基因对里只要出现了该基因，就会表现出相应特征。在基因对 Aa 里面显性基因是卷舌 A，那么表现出来的就是卷舌特征。对应的平舌基因就是隐性基因，也就是只有基因对都是平舌基因的时候（即 aa）才显示平舌特征。这样看来，平舌的人基因一定是 aa，而卷舌的人基因可能是 Aa，也可能是 AA。

我们再看看小明对于单眼皮的困惑。如果双眼皮是隐性基因的话，意味着父亲的基因是 aa，母亲的基因是 aa，那么无论怎么组合，小明的基因必然是 aa，也就是说，小明是双眼皮的概率为 100%。那样小明岂不是真的是从孤儿院领养的了？事实并非如此。由于小明是单眼皮，因此可以推断双眼皮是显性基因。已知父母都是双眼皮，那么各种组合见表 2-6。

表 2-6　双眼皮遗传基因

父亲	母亲	组合 1	组合 2	组合 3	组合 4
AA	AA	AA	AA	AA	AA
AA	Aa	AA	Aa	AA	Aa
Aa	Aa	AA	Aa	Aa	aa
Aa	AA	AA	AA	Aa	AA

在遗传中，父亲从自己的一对基因中提供一个给孩子，母亲也从自己的基因中提供一个给孩子，即孩子的一对基因中一个来自父亲，一个来自母亲。因此父母结合生育的后代的基因组合会有 2×2 = 4 种可能。

如果父亲基因是 AA，母亲基因也是 AA，从表 2-4 所示可知小明的基因组合只可能是 AA，即小明基因是 AA 的概率就是 100%，因此小明是双眼皮的概率为 100%，这种假设与实际情况不符。

如果父亲基因是 AA，母亲基因是 Aa（或者父亲基因是 Aa，母亲基因是 AA），那么小明基因是 AA 的概率是 50%，基因是 Aa 的概率为 50%，因此小明是双眼皮的概率仍为 100%，这种假设也与实际情况不符。

如果父亲基因是 Aa，母亲基因也是 Aa，那么小明基因是 AA 的概率为 25%，基因是 Aa 的概率为 50%，基因是 aa 的概率为 25%，因此小明是双眼皮的概率为 75%，单眼皮的概率为 25%。也就是说，只有在父母的基因都是 Aa 的情况下，才有可能出现单眼皮的子女。既然小明是单眼皮，那么父母的基因一定都是 Aa。

基因研究的一个重大成果就是解释了许多遗传病的原理。对于隐性基因的遗传疾病，如果父亲为该遗传病患者，其基因一定是 aa（仍用 A 表示显性基因，a 表示隐性基因），而母亲正常，其基因就可能是 Aa 或者 AA。这样可能的组合见

表 2-7。

——— 表 2-7 隐性遗传基因 ———

父亲	母亲	组合 1	组合 2	组合 3	组合 4
aa	AA	Aa	Aa	Aa	Aa
aa	Aa	Aa	aa	Aa	aa

如果母亲基因是 AA，那么子女的基因必然为 Aa，也就是说，子女的患病概率为 0%，但是 100% 是遗传病基因携带者，这意味着儿女如果今后结婚生子，孙子女就有隔代患病的可能，当然这也取决于儿女配偶是否携带该遗传病基因。如果母亲基因是 Aa，那么子女基因是 Aa 的概率为 50%，基因是 aa 的概率为 50%，因此子女的患病为 50%，而且 100% 是遗传病基因携带者。

表 2-8 给出了显性基因遗传疾病的所有基因组合可能以及对应的患病概率，大家可以与前面介绍的隐性基因遗传疾病的基因组合和患病概率做对比。

——— 表 2-8 显性遗传基因及患病概率 ———

父亲	母亲	组合 1	组合 2	组合 3	组合 4	患病概率(%)
AA	AA	AA	AA	AA	AA	100
AA	Aa	AA	Aa	AA	Aa	100
AA	aa	Aa	Aa	Aa	Aa	100
Aa	Aa	AA	Aa	Aa	aa	75
Aa	aa	Aa	aa	Aa	aa	50
aa	aa	aa	aa	aa	aa	0

这样看来，小明大可不必担心自己的身世了，因为即使他的父母都是双眼皮，小明本人是单眼皮仍然有 25% 的概率。

2.10 欧洲王室的魔咒 ——可怕的"出血病"

19 世纪欧洲王室流行着一种奇怪的"出血病"，这种疾病会使人极易出血。罹患此病的新生儿大约出生三周内就会发生第一次出血，而后会不断发病。一些在正常人看来非常安全简单的活动，例如跑步、打球、爬山、打针、拔牙、剃须等，在"出血病"患者那里都可能导致严重的出血问题，而且一旦出血则难以控制，甚至危及生命，故得名"出血病"。现代医学将这个疾病称为血友病，它是一种 X 染色体携带隐性致病基因的先天性凝血因子缺乏的疾病，是一种罕见的遗传病。欧洲王室遗传的这种血友病属于甲型血友病，也是最为常见的一种血友病，下面我们就来揭开这个困扰着欧洲王室的魔咒的神秘面纱。

　　图为英国的维多利亚女王和丈夫阿尔伯特亲王以及他们的孩子的画像。维多利亚女王本人是血友病基因携带者，正是她将血友病的魔咒带给了整个欧洲王室。

难度：★ ★ ★

　　生物遗传学告诉我们，人类共有 23 对染色体，其中 22 对称为常染色体，还有一对称为性染色体。性染色体可以决定人的性别，如果性染色体的组合为 XY 型，则该人为男性；如果性染色体组合为 XX 型，则该人为女性。因此一堆夫妇生下的小孩是男孩或是女孩的概率都是 1/2。

　　如图 2-11 所示，父亲的性染色体一定是 XY，母亲的性染色体一定是 XX，这样他们生下孩子的性染色体来源及性别就可能有以下几种可能。

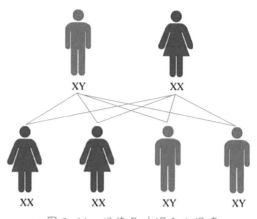

● 图 2-11　性染色体组合的规律

1）父亲的 X 染色体+母亲的第一个 X 染色体=XX，女孩。
2）父亲的 X 染色体+母亲的第二个 X 染色体=XX，女孩。
3）父亲的 Y 染色体+母亲的第一个 X 染色体=XY，男孩。
4）父亲的 Y 染色体+母亲的第二个 X 染色体=XY，男孩。

　　男孩的 Y 染色体来自父亲，X 染色体来自母亲；女孩的一个 X 染色体来自父亲，一个 X 染色体来自母亲。因此一对夫妇生下的小孩是男孩或女孩的概率都是 1/2，也正因为此，人类的男女比例应保持在 1:1 左右才算正常。

　　每个性染色体上都携带遗传物质 DNA，也就是基因，这些 DNA 决定了个体的性状。由位于 X 染色体上的隐性致病基因引起的遗传病称作"伴 X 染色体隐性遗传病"，血友病就是一种染色体连锁隐性遗传性疾病。除了血友病外，常见的伴 X 染色体隐性遗传病还有色盲、家族性遗传性视神经萎缩等。

　　用 a 表示血友病的致病隐性基因，对应的显性基因用 A 表示。A 或者 a 都需要附着在 X 染色体上，用 X^a 表示附着了血友病致病隐性基因 a 的 X 染色体，用 X^A 表示附着了非致病显性基因 A 的 X 染色体。

　　血友病的基因属于隐性基因，对于男性而言，因为仅有一条 X 染色体，所以如果他的性染色体为 X^aY，那么他必定是血友病患者；如果他的性染色体为X^AY，那么他就不是血友病患者。对于女性而言，因为有两条 X 染色体，因此需要一对致病的等位基因才能表现出异常，即只有她的性染色体为 X^aX^a 才能表现为血友病，其他情况下（X^AX^a，X^AX^A，X^aX^A）都表现为正常。

　　具备了以上知识我们就可以了解血友病的遗传规律了。

　　首先来看一对正常夫妇生出的小孩罹患血友病的概率有多大。

因为丈夫是正常的，所以他的性染色体中不携带血友病的致病基因，只可能是 $X^A Y$。但是妻子的情况有些复杂，虽然妻子表现正常，但因为血友病基因是隐性基因，所以妻子的性染色体可以是 $X^A X^a$，或者 $X^A X^A$。所以孩子患血友病的概率需要分类讨论。

（1）妻子的性染色体为 $X^A X^A$

这种情况下孩子是不会遗传血友病的，因为父母的染色体中都不具有血友病的致病基因。

（2）妻子的性染色体为 $X^A X^a$

这种情况下孩子患血友病的概率如图 2-12 所示。

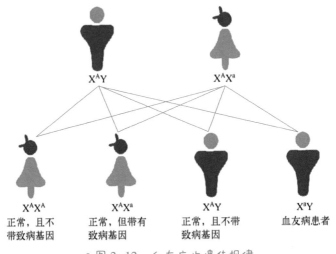

● 图 2-12　血友病的遗传规律

如图 2-12 所示，如果妻子的性染色体为 $X^A X^a$，那么他们的女儿是不会患血友病的，但是会有 1/2 的可能会携带致病基因而遗传给后代。相比之下，他们的儿子有 1/2 的可能患有血友病，另有 1/2 的可能是正常的，且不携带血友病的致病基因。

如果丈夫和妻子都是血友病患者，那么他们的孩子罹患血友病的概率是多少呢？答案是他们的孩子（无论是男孩还是女孩）都会患血友病。

如果一对夫妇，丈夫是血友病患者，而妻子正常，那么他们的孩子患血友病的概率是多少呢？如果一对夫妇，丈夫正常，而妻子是血友病患者，那么他们的孩子患血友病的概率又是多少呢？有兴趣的读者可以自己算一算。

第一章

第二章

第三章

第四章

第五章

第六章

2.11 格涅坚科的约会问题

甲乙两人相约在早上 7:00~8:00 之间见面，先到者要等待 10 分钟，如果 10 分钟内对方不来，则约会自动取消。已知甲乙两人一定都会在 7:00~8:00 之间的某一个时刻到达约会地点，请问两人碰面的概率是多少。

难度：★★★★

> 本题是一道经典的概率问题，原题出自苏联著名数学家格涅坚科所著的《概率论教程》。这个题目看似简单，但是如果思路不正确就很难得到正确的答案。下面我们来看一下本题一个非常巧妙的解法。

首先如果只考虑一个人在早上 7:00~8:00 之间到达约会地点的情形，那么他到达约会地点的时间应当随机分布在一段长度为 60 个单位的一维数轴上，如图 2-13 所示。

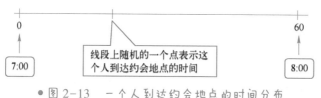

● 图 2-13 一个人到达约会地点的时间分布

我们用数轴的原点 0 表示 7:00 这个时刻，数轴上的每一个单位表示 1 分钟，那么数轴上的 60 对应的时间就是 8:00 这个时刻。再用落在这个长度为 60 的线段上的点对应的时间表示这个人到达约会地点的时间，很显然这个点会随机分布在这个长度为 60 个单位的线段上。

如果考虑两个人的情况，再用上面这个一维数轴来描述两个人到达约会地点的时间就显得吃力了。我们不妨将这个问题扩展到二维空间，再加上一个数轴，横轴 x 表示甲到达约会地点的时间；纵轴 y 表示乙到达约会地点的时间。如图 2-14 所示。

因为图 2-14 中限定了甲、乙两人约会的时间范围为 7:00~8:00，所以图中这个 60×60 的正方形区域内的每一个点都对应一个甲、乙两人分别到达约会地点的时间。

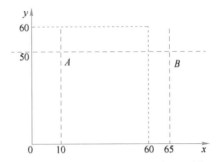

例如，图 2-14 中的点 $A(x,y)=(10,50)$ 表示 "甲到达约会地点的时间为 7:10，乙到达约会地点的时间为 7:50。显然如果甲、乙两人在这个点上到达约会地点，他俩是无法碰面的，因为这两个时间点的间隔超过了 10 分钟。

另外，超出这个正方形包围的区域的点则不在本题讨论的范围内，例如图 2-14 中点 $B(x,y)=(65,50)$ 表示 "甲到达约会地点的时间是 8:05，乙到达约会地点的时间是 7:50"，这个点显然没有意义，因为题目约定甲、乙两人都会在 7:00~8:00 之间到达。

另外需注意，正方形中的某个点 (x,y) 仅表示甲、乙两人分别到达约会地点的时间，一个点对应一对时间，仅此而已，它并不能说明两人是否真的碰面，因为有些点对应的时间是可以碰面的，而有些点对应的时间则无法碰面（例如图 2-14 中的点 A）。本题正是要研究这个问题。

那么如何来描述 "先到者要等待后到者 10 分钟，如果 10 分钟内对方不来，则约会自动取消" 呢？我们可以换一个思路来理解这句话，其实这句话要表达的意思就是 "如果两个人到达的时间间隔在 10 分钟以内则两人即可会面，否则两人无法会面"。我们仍用上面这个坐标系来描述这个问题。上述坐标系用 x 表示甲到达约会地点的时间，用 y 表示乙到达约会地点的时间，所以很显然，如果点 (x,y) 落入 $|x-y| \leqslant 10$ 的范围内，则两人即可会面，否则两人无法会面。对应在坐标系中就是 $y=x-10$ 和 $y=x+10$ 这两条直线之间锁定的区域表示甲、乙两人到达约会地点的时间间隔小于 10 分钟。

如图 2-15 所示，阴影区域表示 $|x-y| \leqslant 10$，同时 $x \leqslant 60$ 并且 $y \leqslant 60$，它的含义就是 "甲、乙两人在 7:00~8:00 之间到达约会地点，并且两人到达的时间间隔不超过 10 分钟"。也就是说，甲、乙两人到达约会地点的时间为 (x,y)，如果点 (x,y) 落入图中的阴影区域中，则两人将会会面，否则两人将无法会面。

第一章

第二章

第三章

第四章

第五章

第六章

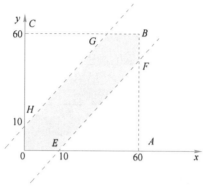

● 图 2-15　甲乙两人到达约会地点时间间隔小于 10 分钟

那么现在的问题就变为点 (x,y) 落入这个阴影区域的概率是多少呢？这其实是一个几何概率问题。已知点 (x,y) 是随机分布在图中正方形区域的，所以它落入阴影区域的概率就是阴影区域部分的面积与整个正方形的面积之比。这里有一个大前提就是点 (x,y) 落入正方形区域中的概率是 100%，这是题目的已知条件。

如图 2-15 所示，$S_{正方形OABC} = 60 \times 60 = 3600$，$S_{六边形OEFBGH} = S_{正方形OABC} - 2S_{三角形AEF} = 1100$，因此甲乙两人碰面的概率为 $1100/3600 = 11/36$。

知识延拓——几何概率与蒲丰投针问题

如果每个事件发生的概率只与构成该事件区域的长度、面积或者体积等因素成比例，则称这样的概率模型为几何概率模型。在几何概率模型中，试验中所有可能出现的基本事件有无穷多个，并且每个基本事件出现的可能性相等。

根据上面几何概率模型的定义，可以得到几何概率模型中概率的计算公式，也就是事件 A 发生的概率为

$$P(A) = \frac{事件\ A\ 构成的区域长度(面积、体积等)}{所有基本事件构成的区域长度(面积、体积等)}$$

我们通过一个简单的射击问题看一下几何概率模型在现实生活中的应用。在军队的射击比赛中，参赛者需要对一系列同心圆组成的靶子进行射击，只有射中靶心才能计分。假设靶子的半径为 10 厘米，靶心的半径为 1 厘米，如果参赛者射中靶子上任一位置都是等概率的，那么不脱靶的情况下，射中靶心的概率是多少？

根据几何概率模型的概率公式可以知道，要想计算射中靶心的概率，首先需要计算靶子的面积和靶心的面积，然后通过两者面积的比值得到射中靶心的概率。

$$P(\text{A}) = \frac{\text{靶心面积}}{\text{靶子面积}} = \frac{\pi r_{\text{靶心}}^2}{\pi r_{\text{靶子}}^2} = \frac{\pi \times 1^2}{\pi \times 10^2} = 0.01$$

第一次用几何形式表达概率问题的例子是著名的蒲丰投针实验。法国科学家蒲丰在 18 世纪提出了一种计算圆周率的方法——随机投针法。

在实验过程中，蒲丰首先在一张白纸上画出许多间距为 a 的平行线，然后用一根长度为 $l(l<a)$ 的针随即向画有平行线的纸上投掷 n 次，将针与平行线相交的次数记为 m，并计算出针与平行线相交的概率。

蒲丰证明了针与平行线相交的概率与圆周率存在一定的数学关系，并推算出这个概率公式为

$$P = \frac{2l}{\pi a}$$

这个公式就是基于几何概率模型推演出来的，由于推导过程较复杂，且内容涉及微积分的相关知识，所以这里就不做详细说明了，有兴趣进一步了解蒲丰投针实验及其概率公式的读者可以参考相关的专业书籍。

回到上一题，格涅坚科的约会问题就是利用几何概率模型求解出来的。这里用边长为 60 的正方形区域中的点表示甲、乙两人随机到达约会地点的时间对，且这个正方形区域中包含了全部的时间对，而阴影部分区域中的点则表示甲、乙两人可以碰面的时间对，所以两者的比值即为甲、乙两人碰面的概率。

第三章

做一把福尔摩斯

——烧脑的逻辑推理

3.1 谁是罪犯

一家银行被盗，警察锁定了四个嫌疑人，可以肯定是甲、乙、丙、丁中的某一个人所为。审讯中，甲说："我不是罪犯。"乙说："丁是罪犯。"丙说："乙是罪犯。"丁说："我不是罪犯。"经调查证实四人中只有一个人说的是真话。请问谁说的是真话？谁是真正的罪犯？

难度：★

解决这类逻辑推理问题大都可以用假设的方法，即假设某一个命题（例如本题中某一个嫌疑人的供词）为真，如果在此基础上推导出矛盾，就可以断定假设是错误的，这样逐一排除，最终推导出正确的结论。

从题目中给出的条件，可以得到以下确认的信息：

❖ 银行被盗一定是甲、乙、丙、丁中的某一个人所为。
❖ 甲、乙、丙、丁四人中只有一个人说的是真话。

另外还有不确认的甲、乙、丙、丁四人的供词：

❖ 甲说："我不是罪犯。"
❖ 乙说："丁是罪犯。"

❖ 丙说："乙是罪犯。"

❖ 丁说："我不是罪犯。"

根据以上的信息，从甲、乙、丙、丁四人的供词出发，逐一假设推断，找出真正的银行盗贼。

1）假设甲说的是真话，那么根据确认的已知条件（甲乙丙丁四人中只有一个人说的是真话）可以得出：乙、丙、丁都在说谎，则有图3-1所示矛盾。

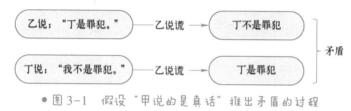

● 图3-1　假设"甲说的是真话"推出矛盾的过程

2）假设乙说的是真话，那么根据确认的已知条件（甲乙丙丁四人中只有一个人说的是真话）可以得出：甲、丙、丁都在说谎，则有图3-2所示矛盾。

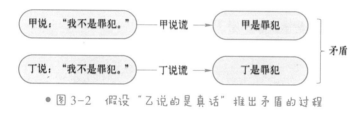

● 图3-2　假设"乙说的是真话"推出矛盾的过程

因为确认的已知条件中说：珠宝店被盗一定是甲、乙、丙、丁中的某一个人所为。所以甲和丁不可能都是罪犯，得出矛盾，这说明乙也在说谎。

3）假设丙说的是真话，那么根据确认的已知条件（甲乙丙丁四人中只有一个人说的是真话）可以得出：甲、乙、丁都在说谎，只有丙说的是真话，则有图3-3所示矛盾。

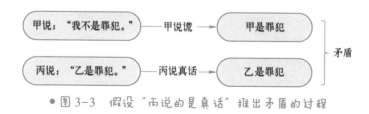

● 图3-3　假设"丙说的是真话"推出矛盾的过程

显然又推出了矛盾，所以丙也在说谎，只有丁说的是真话。

那么谁是真正的罪犯呢？其实这个答案一开始我们就应该可以得到了。从推断1）中得知甲在说谎，因此甲说的"我不是罪犯"就是假话了，所以可以证明甲就是罪犯。

3.2 鲍西娅的肖像在哪里

数学家斯摩林根据莎士比亚的名剧《威尼斯商人》中的情节改编了一道题：女主角鲍西娅对求婚者说"这里有三只盒子：金盒子、银盒子和铅盒子。每只盒子的铭牌上各写有一句话。三句话中只有一句是真话。谁能猜中我的肖像放在哪一只盒子里谁就能作我的丈夫。"

金盒子上写着：肖像不在此盒中。
银盒子上写着：肖像不在此盒中。
铅盒子上写着：肖像在银盒中。

请问鲍西娅的肖像在哪个盒子里呢？为什么？

which box was my photo in ?

难度：★

本题与上一题类似，仍然可以假设某一个盒子上写的话是真的，然后以此作为逻辑起点进行推导，如果推出矛盾则说明原假设是错误的。

我们不妨假设金盒子上的话是真的，那么其他盒子上的话就都是假的，则有图3-4所示矛盾。

银盒子上写着：肖像不在此盒中 ——假话——→ 肖像在银盒子中

铅盒子上写着：肖像在银盒中 ——假话——→ 肖像不在银盒子中

} 矛盾

● 图3-4　假设"金盒子上的话是真的"而推出矛盾

所以金盒子上的话肯定是假话。这样就能直接得出结论：肖像就在金盒子中。

如果假设银盒子上的话是真话，那么是推导不出矛盾的，实际上银盒子上的话确实是一句真话。如果假设铅盒子上的话是真话，那么是可以推导出矛盾的，所以铅盒子上的话也一定是假话，但是它并不能直接推导出本题的结论。

3.3　天使与魔鬼

往天堂的必经之路上有一个双岔路口，一条路可以让人如愿步入天堂，另一条路则通向地狱。在双岔路口中间有一对精灵，他们有着相同的相貌，但截然相反的内心，一个是天使另一个是魔鬼。对于过往的人，天使总说真话，魔鬼总说假话。如果你是过路的人，在分不清天使与魔鬼，并且只能问某一个精灵一个问题的情况下，如何提问才能正确找到通往天堂的路？

Hell　　　Heaven

其实只要问任意一个精灵"如果我去问另一个精灵，对方会告诉我哪条路通往天堂？"，那么你得到的答案一定是通往地狱的道路，你不要相信，只要走相反的路就会前往天堂了。

为什么呢？ 我们来深入分析一下这个简单问题里蕴含的逻辑思维。

首先提问的时候，我们不知道是在向天使提问还是向魔鬼提问。假设我们向天使提问，由于天使一定说真话，因此天使就会如实地告诉我们魔鬼会说什么，因为魔鬼一定说假话，它不可能告诉我们通往天堂的路在哪里，所以我们获得的结果是通往地狱的路。

假设我们向魔鬼提问，由于魔鬼一定说假话，因此魔鬼就会错误地告诉我们天使会说什么。天使一定会告诉我们通往天堂的路，而魔鬼会把天使的话反说，也就是说我获得的结果反而是通往地狱的路。

综上所述，无论是向天使提问还是向魔鬼提问，我们所得到的答案都是通往地狱之路，因此走另一条路就可以到达天堂。

3.4 天使与魔鬼的升级版

如果在通往天堂和地狱的双岔路口有五个精灵，一个是天使，四个是魔鬼，天使总说真话，魔鬼总是真话和假话交替着说，也就是说，如果这次讲了真话，那么下次就讲假话，如果这次讲了假话，下次就讲真话。如果你是过路的人，在分不清天使与魔鬼，并且只能问三个问题的情况下（这三个问题可以问同样一个精灵也可以问不同的两个精灵），如何提问才能正确找到通往天堂的路？

难度：★★★

只要我们从这五个精灵中找出那个真正的天使，就可以知道通往天堂的路了。所以这个问题可以转换为：先用两个问题找出五个精灵中的天使，然后再向天使提问"通往天堂的路在哪里"，这样就可以用三个问题正确找到通往天堂的路了。

我们能否只用两个问题就能找出那个真正的天使来呢？其实可以这样提问：首先可以问任意一个精灵"你是天使吗"，如果得到的答案是肯定的，继续问这个精灵"谁是天使"；如果得到的答案是否定的，继续问这个精灵"谁是魔鬼"，第二次提问得到的结果就是答案。

听起来有点让人摸不着头脑，下面来分析一下两个问题的答案及其内在联系，就能理清其中的脉络了。

当提问"你是天使吗"的时候，我们无非会得到两种答案，一种表示肯定，另一种表示否定。如果得到的答案是肯定的，则要么是天使在说真话，要么是魔鬼在说假话，无论哪种情况，下一个问题天使和魔鬼都会说真话，因为天使一直都会说真话，而魔鬼由于刚刚说了假话，那么下一个问题也会说真话。这时候如果直接提问"谁是天使"肯定会获得正确的答案，也就是能找到天使。如图 3-5 所示。

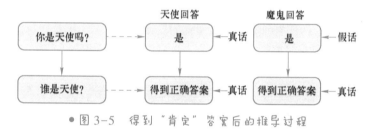

● 图 3-5　得到"肯定"答案后的推导过程

如果得到的答案是否定的，由于天使一直说真话，因此不可能是天使说的。那么就只有一种可能，就是魔鬼在说真话，那么下一个问题魔鬼必然要说假话。这时候如果直接提问"谁是魔鬼"肯定会获得相反的答案，也就意味着魔鬼必然会指向一直说真话的天使，因此也能正确找到天使。如图 3-6 所示。

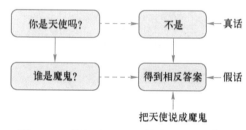

● 图 3-6　得到"否定"答案后的推导过程

找到真正的天使之后，再向天使提问"通往天堂的路在哪里？"就必然会得到正确的答案。

这个问题有一个干扰条件就是题目中所说的"有五个精灵，一个是天使，四个是魔鬼"，其实天使和魔鬼的数量并不重要，关键的问题在于魔鬼"总是真话和假话交替着说"。我们恰恰可以利用魔鬼的这个说话特点来连续提出两个问题，以此推断出谁是真正的天使。

3.5 说 谎 岛

传说大西洋上有一个说谎岛，在这个说谎岛上有 X 和 Y 两个部落。X 部落的人总说真话，Y 部落的人总说假话。有一天一个旅行者迷路了，恰好遇到一个说谎岛上的土著人 A。旅行者问："你是哪个部落的人?" A 回答："我是 X 部落的人。"旅行者相信了 A 的回答，并请他做向导。他们在旅途中看到另一位土著人 B，旅行者请 A 去问 B 是属于哪一个部落的，A 回来说："B 说他是 X 部落的人。"旅行者此时感到有些茫然，究竟应不应该相信 A 说的话呢? 请帮助这个旅行者分析一下，A 究竟是 X 部落的人还是 Y 部落的人?

难度: ★★

我们可以先假设 A 是来自 X 部落的人，然后以此为基础推导出相关结论; 再假设 A 是来自 Y 部落的人，然后以此为基础推导出相关结论; 最后根据已知条件来分析 A 到底是哪个部落的。

第一章

第二章

第三章

第四章

第五章

第六章

假设 A 是来自 X 部落，那么 A 说的话都是真话。当 A 去询问 B 时，如果 B 是来自 X 部落的，则 B 如实地告诉 A 自己是来自 X 部落的，这样 A 会传达给旅行者："B 来自 X 部落"；当 A 去询问 B 时，如果 B 是来自 Y 部落的，则 B 一定说假话，那么 B 肯定会说自己是来自 X 部落的，这样 A 会传达给旅行者："B 来自 X 部落"。也就是说，如果 A 是来自 X 部落的，那么 A 传达给旅行者的消息总会是：B 来自 X 部落。

再来看看如果 A 是来自 Y 部落的情况。

假设 A 是来自 Y 部落的，那么 A 说的话都是假话，A 一定告诉旅行者自己是来自 X 部落的。当 A 去询问 B 时，如果 B 是来自 X 部落的，则 B 会如实地告诉 A 自己是来自 X 部落的，而 A 会传达给旅行者："B 是来自 Y 部落的"；当 A 去询问 B 时，如果 B 是来自 Y 部落的，则 B 一定说假话，那么 B 肯定会说自己是来自 X 部落的，而 A 会传达给旅行者："B 是来自 Y 部落的"。也就是说，如果 A 是来自 Y 部落的，那么 A 传达给旅行者的消息总会是：B 来自 Y 部落。

因为 A 最终告诉旅行者的是："B 是来自 X 部落的"，所以根据以上的分析可以断言 A 是来自 X 部落的。

3.6 奇怪的村庄

传说有这样两个奇怪的村庄，A 村的人在星期一、星期三、星期五说假话；B 村的人在星期二、星期四、星期六说假话，在其他日子他们都说真话。有一天一个外乡人来到了这里，见到了 A 村和 B 村的两个人，这个外乡人分别向这两个人询问今天是星期几，这两个人都说："前天是我说假话的日子"。请问这一天是星期几？

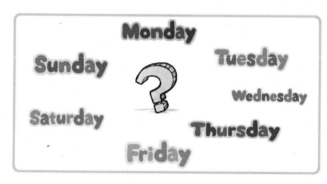

难度：★★

首先我们可以根据题目的描述列出 A 村人和 B 村人哪天说真话，哪天说假话，这样便于进一步分析推理。表 3-1 为 A 村人和 B 村人说真话和说假话的日期分布。

表 3-1　A 村人和 B 村人说真话和假话的日期分布

	星期一	星期二	星期三	星期四	星期五	星期六	星期日
A 村人	谎话	实话	谎话	实话	谎话	实话	实话
B 村人	实话	谎话	实话	谎话	实话	谎话	实话

我们可以假设外乡人是星期 X 来到这里，然后以此作为逻辑起点进行推理，如果在推理过程中发生矛盾，则说明假设是错误的，然后再修改假设继续推理，最终就可以找出正确的答案。

（1）假设这一天是星期一

根据表 3-1，这一天 A 村人一定说谎话，B 村的人一定说实话。那么对于 A 村人，前天（也就是星期六）是说实话的日子，而 B 村人是说谎话的日子。所以如果这一天是星期一，A 村人会说"前天是我说谎的日子"（因为星期一的 A 村人说谎话）；而 B 村人也会说"前天是我说谎的日子"（因为星期一的 B 村人说实话）。因此如果这一天是星期一是不矛盾的。

（2）假设这一天是星期二

根据表 3-1，这一天 A 村人一定说实话，B 村人一定说谎话。那么对于 A 村人，前天（也就是星期日）是说实话的日子，对于 B 村人也是说实话的日子。所以如果这一天是星期二，A 村人会说"前天是我说实话的日子"（因为星期二的 A 村人说实话）；而 B 村人也会说"前天是我说谎的日子"（因为星期二的 B 村人说谎话）。因此这个结论就与题目中所述的"两个人都说'前天是我说谎的日子'"产生矛盾，因此这个假设是错误的。

（3）假设这一天是星期三

根据表 3-1，这一天 A 村人一定说谎话，B 村的人一定说实话。那么对于 A 村人，前天（也就是星期一）是说谎话的日子，而 B 村人是说实话的日子。所以如果这一天是星期三，A 村人会说"前天是我说实话的日子"（因为星期三的 A 村人说谎话）；而 B 村人也会说"前天是我说实话的日子"（因为星期三的 B 村人说实话）。所以与题目中所述的"两个人都说'前天是我说谎的日子'"产生矛盾，因此这个假设是错误的。

（4）假设这一天是星期四

根据表 3-1，这一天 A 村人一定说实话，B 村人一定说谎话。那么对于 A 村人，前天（也就是星期二）是说实话的日子，对于 B 村人是说谎话的日子。所以如果这一天是星期四，A 村人会说"前天是我说实话的日子"（因为星期四的 A 村人说实话）；而 B 村人也会说"前天是我说实话的日子"（因为星期四的 B 村人说谎话）。因此这个结论就与题目中所述的"两个人都说'前天是我说谎的日子'"产生矛盾，因此这个假设是错误的。

（5）假设这一天是星期五

星期五的情况与星期三的情况一样，A 村人会说"前天是我说实话的日子"，B 村人也会说"前天是我说实话的日子"，所以这个结论就与题目中所述的"两个人都说'前天是我说谎的日子'"产生矛盾，因此这个假设是错误的。

（6）假设这一天是星期六

星期六的情况与星期四的情况一样，A 村人会说"前天是我说实话的日子"，B 村人也会说"前天是我说实话的日子"，所以这个结论就与题目中所述的"两个人都说'前天是我说谎的日子'"产生矛盾，因此这个假设是错误的。

（7）假设这一天是星期日

因为星期日 A 村人和 B 村人都说实话，所以这一天 A 村人会说"前天是我说谎的日子"（因为星期五 A 村人说谎），B 村人会说"前天是我说实话的日子"（因为星期五 B 村人说实话）。所以这个结论就与题目中所述的"两个人都说'前天是我说谎的日子'"产生矛盾，因此这个假设是错误的。

综上所示，外乡人一定是星期一来到这里。

3.7 小镇上的四个朋友

四个好朋友住在同一个小镇上，他们的名字叫柯克、米勒、史密斯和卡特。他们各有不同职业：一个是警察，一个是木匠，一个是农民，一个是大夫。有一天，柯克的孩子腿断了，柯克带他去见大夫；大夫的妹妹是史密斯的妻子；农民尚未结婚，他养了许多母鸡；米勒常在农民那里买鸡蛋，警察和史密斯是邻居。请根据以上的叙述分析他们四个人的职业各是什么？

难度: ★★★

首先从题目中给出的已知信息可以推导出以下结论：因为柯克带儿子去看病，显然柯克不是大夫；因为大夫的妹妹是史密斯的妻子，所以史密斯不是大夫；因为农民尚未结婚，所以史密斯不是农民，柯克也不是农民（因为他们已结婚）；因为米勒常在农民那里买鸡蛋，所以米勒不是农民；警察和史密斯是邻居，因此史密斯不是警察。将上面这些推理的结果总结到表 3-2 中，我们就能看出一些端倪。

表 3-2 "小镇上的四个朋友"推理结论 1

	警 察	木 匠	农 民	大 夫
柯克			×	×
米勒			×	
史密斯	×		×	×
卡特				

表 3-2 将上面推理的初步结论加以总结。从这张表中可以清晰地看出史密斯一定是木匠，因为从上述零散的信息中我们已经推理得知史密斯不是警察、农民

和大夫，所以他只能是木匠。这样又可得到第二张推导结论表3-3。

———————— 表3-3 "小镇上的四个朋友"推理结论2 ————————

	警 察	木 匠	农 民	大 夫
柯克		×	×	×
米勒		×	×	
史密斯	×	✓	×	×
卡特		×		

从表3-3中可以清晰地看出柯克一定是警察，因为已有的结论表明柯克不是木匠、农民和大夫，所以他只能是警察。这样又可得到第三张推导结论表3-4。

———————— 表3-4 "小镇上的四个朋友"推理结论3 ————————

	警 察	木 匠	农 民	大 夫
柯克	✓	×	×	×
米勒	×	×	×	
史密斯	×	✓	×	×
卡特	×	×		

我们离最终的结论又近了一步！从表3-4中可以清晰地看出米勒一定是大夫，因为已有的结论表明米勒不是警察、木匠和农民，所以他只能是大夫。而卡特则一定是农民。这样就可以得到最终的推理结果，见表3-5。

———————— 表3-5 "小镇上的四个朋友"推理结论4 ————————

	警 察	木 匠	农 民	大 夫
柯克	✓	×	×	×
米勒	×	×	×	✓
史密斯	×	✓	×	×
卡特	×	×	✓	×

最终的结论是：柯克是警察，米勒是大夫，史密斯是木匠，卡特是农民。

回顾本题我们可以看出，这类给出了很多看似杂乱无章信息的逻辑推理题，只要将这些信息逐条理清并进行分析推理得到初步结论，再将这些初步的结论总结到一张表格中，然后在此基础上进一步分析推理，不断完善充实这张表格，最终就会推理出问题的答案。

3.8 爱因斯坦的难题

据说大科学家爱因斯坦在 20 世纪初期曾经给自己的学生出过一道题，用来检验学生的逻辑推理能力。爱因斯坦认为，对于当时人们的逻辑推理能力而言，大约只有 10% 的人能够给出问题的正确答案。现在我们来看看这道近乎被神话了的逻辑题到底是什么，自己是不是属于那 10% 的聪明人。

在一条街上有五栋公寓，外墙刷成五种不同的颜色，每栋公寓里住着不同国籍的人，每个人喜欢抽不同品牌的香烟，喝不同类别的饮料，饲养不同种类的宠物。请根据以下 15 个提示推理出谁的宠物是鱼。

01. 英国人住红色公寓。

02. 瑞典人养狗。

03. 丹麦人喝红茶。

04. 绿色公寓在白色公寓左面。

05. 绿色公寓主人喝咖啡。

06. 抽长红香烟的人养鸟。

07. 黄色公寓主人抽登喜路香烟。

08. 住在中间公寓的人喝牛奶。

09. 挪威人住第一间公寓。

10. 抽混合香烟的人住在养猫的人隔壁。

11. 养马的人住抽登喜路香烟的人隔壁。

12. 抽蓝狮香烟的人喝啤酒。

13. 德国人抽王子香烟。

14. 挪威人住蓝色公寓隔壁。

15. 抽混合香烟的人有一个喝白水的邻居。

难度：★★★★

　　初看这个问题给大多数人的第一感觉就是一团乱麻，条件太多以至于理不出个头绪，不知道应该如何下手。遇到这类逻辑问题，我们只要搞清问题的实质，就能捋顺整个脉络。针对这个问题，实质就是找出五栋公寓、五种颜色、五个国籍、五种香烟、五种饮料、五种宠物之间的对应关系，因此我们很自然地就把问题转换为对表3-6的求解，当把表中的内容填充完毕之后，问题答案自然迎刃而解。

表 3-6　爱因斯坦问题表格的初始状态

编　号	一	二	三	四	五
颜色					
国籍					
香烟					
饮料					
宠物					

　　表3-6中横向编号为五栋公寓的号码，纵向依次为"颜色""国籍""香烟""饮料""宠物"这5个信息。上述15个条件中绝大多数都无法直接填入表中。比如德国人抽王子香烟，由于既不知道德国人住在几号公寓，又不知道几号公寓的主人抽王子香烟，因此该条件暂时无法直接使用。但是通过细心观察，我们发现其中有两个条件是可以直接向表中填入数据的，这两个条件是"08. 住在中间公寓的人喝牛奶"和"09. 挪威人住第一间公寓"。因此通过第一步推理的结果见表3-7。

表 3-7　第一步推理后的结果

编　号	一	二	三	四	五
颜色					
国籍	挪威				
香烟					
饮料			牛奶		
宠物					

　　通过已经填入表中的数据，我们可以根据条件进一步推理得到更多的数据。下面考虑条件"14. 挪威人住蓝色公寓隔壁"，由于挪威人已经确定入住一号公

寓，我们不考虑一条街上五栋公寓围成一个圈的情况，也就是说，一号公寓的隔壁只有二号公寓，因此蓝色公寓必然是二号公寓。更新表中数据见表 3-8。

表 3-8　第二步推理后的结果

编　号	一	二	三	四	五
颜色		蓝			
国籍	挪威				
香烟					
饮料			牛奶		
宠物					

我们继续进行推理，由于二号公寓是蓝色，根据条件"04. 绿色公寓在白色公寓左面"可知，绿色公寓要么是三号，要么是四号；又由于三号公寓的主人喝牛奶，根据条件"05. 绿色公寓主人喝咖啡"可以排除绿色公寓是三号的可能，因此最后绿色公寓只能是四号，那么白色公寓就是五号。

现在没有确定颜色公寓只剩下一号和三号，由于挪威人住一号公寓，根据条件"01. 英国人住红色公寓"可以确定，三号公寓的颜色是红色，并且住着英国人，最后剩下的黄色属于一号公寓。至此我们已经把所有公寓的颜色都确定了，这是整个逻辑推理解题过程中具有里程碑意义的一步。

再根据条件"07. 黄色公寓主人抽登喜路香烟"可以直接推出一号公寓的主人抽登喜路，进一步根据条件"11. 养马的人住抽登喜路香烟的人隔壁"可以推出二号公寓的主人养马。继续更新表中数据见表 3-9。

表 3-9　第三步推理后的结果

编　号	一	二	三	四	五
颜色	黄	蓝	红	绿	白
国籍	挪威		英国		
香烟	登喜路				
饮料			牛奶	咖啡	
宠物		马			

根据条件"12. 抽蓝狮香烟的人喝啤酒"可以知道蓝狮香烟和啤酒是成对出现的，在表中只有二号公寓和五号公寓的香烟和饮料均未填充，因此只能是二号公寓或五号公寓的主人抽蓝狮香烟、喝啤酒。假设选择二号公寓，那么会与条件"15. 抽混合香烟的人有一个喝白水的邻居"产生矛盾，因为混合香烟无论放在

三号公寓、四号公寓还是五号公寓都无法与喝白水的人做邻居，因此只能是五号公寓的主人抽蓝狮香烟、喝啤酒，而二号公寓的主人抽混合香烟，一号公寓的主人喝白水，最后剩下的红茶属于二号公寓。

根据条件 "03. 丹麦人喝红茶" 可以直推出丹麦人入住二号公寓。根据条件 "13. 德国人抽王子香烟" 可以推出德国人入住四号公寓，并且抽王子香烟。最后剩下的瑞典人入住五号公寓，同理也可以推出三号公寓的主人抽长红香烟。继续更新表中数据见表 3-10。

表 3-10　第四步推理后的结果

编 号	一	二	三	四	五
颜色	黄	蓝	红	绿	白
国籍	挪威	丹麦	英国	德国	瑞典
香烟	登喜路	混合	长红	王子	蓝狮
饮料	白水	红茶	牛奶	咖啡	啤酒
宠物		马			

我们已经把除了宠物之外的所有事项都推理出来了，答案已经近在咫尺。根据条件 "02. 瑞典人养狗" 可以推出五号公寓的主人养狗；根据条件 "06. 抽长红香烟的人养鸟" 可以推出三号公寓的主人养鸟；根据条件 "10. 抽混合香烟的人住在养猫的人隔壁" 可以推出一号公寓的主人养猫，因此最后剩下的鱼属于四号公寓的主人饲养。至此已经将表中所有数据填充完毕，见表 3-11。

表 3-11　最终推理结果

编 号	一	二	三	四	五
颜色	黄	蓝	红	绿	白
国籍	挪威	丹麦	英国	德国	瑞典
香烟	登喜路	混合	长红	王子	蓝狮
饮料	白水	红茶	牛奶	咖啡	啤酒
宠物	猫	马	鸟	鱼	狗

我们回归最初的爱因斯坦问题，根据推理结果可知，四号公寓主人的宠物是鱼。通过整个推理过程不难看出，看似纷繁复杂的问题经过抽丝剥茧，通过已知条件一层层地推理，答案就会一步步浮出水面，因此只要掌握了推理问题的方法，你也能成为那 10% 的聪明人！

3.9 魔法学校的咒语课

霍格沃茨魔法学校里的学生可以学习四个咒语，分别是"飞来咒""铁甲咒""复苏咒"和"统统石化咒"。哈利、赫敏、罗恩和德拉科来到魔法学校学习咒语。经过一个学期的学习，哈利、赫敏、罗恩各学会了两个咒语；德拉科只学会了一个咒语；有一个咒语四个人中有三个人都学会了；哈利学会了统统石化咒，德拉科不会统统石化咒；赫敏没有学会铁甲咒；哈利与罗恩学会的咒语各不相同；罗恩与德拉科学会的咒语也各不相同；赫敏与罗恩学会的咒语中存在相同的；没有人既学会了统统石化咒又学会了复苏咒。

根据上述信息，你能推断出四个学生各学会了什么咒语吗？

难度：★★★★

又是一道给出了一堆"杂乱无章"信息的逻辑推理题！解决这类问题最好的方法就是使用推理表格这个辅助工具帮助我们理清每个已知信息之间的内在逻辑，进而推导出新的结论并逐步扩大已知信息的含量，最终得到问题的答案。当然题目中给出的每一个已知信息都是非常重要的，我们不能忽略其中任何一个微小的信息，这样才能保证推理的正确。

首先我们将题目中给出的最直观最明确的信息填写在表 3-12 中。题目中给出的明确的已知信息包括：哈利会统统石化咒；德拉科不会统统石化咒；赫敏不会铁甲咒；赫敏与罗恩学会的咒语中存在相同的；没有人既会统统石化咒又会复苏咒。将以上信息填写在表 3-12 中。

表 3-12 描述了当前最直观的已知信息，但是仅从这个表格透露的信息我们无法继续推理出更多的信息来。所以还是要继续从题目给出的已知信息中挖掘出其他信息。

表 3-12　推理表格 1——最直观的信息

	哈利	赫敏	罗恩	德拉科
飞来咒				
铁甲咒		×		
复苏咒	×			
统统石化咒	✓			×

（1）哈利、赫敏、罗恩各学会了两个咒语

因为哈利只学会了两个咒语，同时已知哈利学会了统统石化咒并且不会复苏咒，所以哈利可能学会了飞来咒或者铁甲咒，但是他真正学会了哪个咒语并不能马上推断出来。所以可以假设哈利学会了其中一个咒语，并基于这个假设再结合其他的已知信息继续推理，如果在推理过程中出现了矛盾，则说明这个假设是错误的，那么哈利学会的就是另外一种咒语了，否则说明这个假设是正确的。我们不妨先假设哈利学会了铁甲咒，那么推理表格中的信息又会得到进一步的更新，见表 3-13。

表 3-13　推理表格 2

	哈利	赫敏	罗恩	德拉科
飞来咒	×			
铁甲咒	✓	×		
复苏咒	×			
统统石化咒	✓			×

这样我们就暂时推理出了哈利学会了哪些咒语（当然不一定正确），接下来就要从与哈利有关的信息中进一步推导，找出其他的信息来。

（2）哈利与罗恩学会的咒语各不相同

已知罗恩学会了两个咒语，同时哈利与罗恩学会的咒语各不相同，所以罗恩学会的咒语也可以推导出来了，见表 3-14。

表 3-14　推理表格 3

	哈利	赫敏	罗恩	德拉科
飞来咒	×		✓	
铁甲咒	✓	×	×	
复苏咒	×		✓	
统统石化咒	✓		×	×

（3）德拉科只会一个咒语，罗恩与德拉科学会的咒语各不相同

基于上述两条信息，可以推断出德拉科只学会了铁甲咒语，所以推理表格中的信息进一步得到更新，见表3-15。

表 3-15　推理表格 4

	哈利	赫敏	罗恩	德拉科
飞来咒	×		√	×
铁甲咒	√	×	×	√
复苏咒	×		√	×
统统石化咒	√		×	×

这样就推理出了一个矛盾，因为题目中叙述"有一个咒语四个人中三个人都会"，但是按照表3-15中的描述，无论赫敏学会了哪两种咒语都不存在三个人都会的咒语了。这说明最初的假设就是错误的，哈利其实并没有学会铁甲咒，而是应当学会了飞来咒。我们再从这个新的逻辑起点重新推理四个学生都学会了哪些咒语。表格的状态退回到了表3-16的样子。

表 3-16　推理表格 5

	哈利	赫敏	罗恩	德拉科
飞来咒	√			
铁甲咒	×	×		
复苏咒	×			
统统石化咒	√			×

（4）哈利与罗恩学会的咒语各不相同，同时已知罗恩学会了两个咒语

根据这条信息推出罗恩学会的咒语是铁甲咒和复苏咒，见表3-17。

表 3-17　推理表格 6

	哈利	赫敏	罗恩	德拉科
飞来咒	√		×	
铁甲咒	×		√	
复苏咒	×		√	
统统石化咒	√		×	×

（5）德拉科只会一个咒语，罗恩与德拉科学会的咒语各不相同

从表3-17的状态可以推导出德拉科只学会了飞来咒，见表3-18。

表 3-18　推理表格 7

	哈利	赫敏	罗恩	德拉科
飞来咒	✓		✗	✓
铁甲咒	✗	✗	✓	✗
复苏咒	✗		✓	✗
统统石化咒	✓		✗	✗

（6）有一个咒语四个人中三个人都会

从表 3-18 的状态来看，这种三个人都会的咒语只可能是飞来咒。这是因为铁甲咒的结论已定，只有罗恩学会了；而复苏咒和统统石化咒目前只有一个人学会，即使赫敏也学会了也才只有两个人学会，所以不符合要求。于是表的状态变为 3-19 所示的样子。

表 3-19　推理表格 8

	哈利	赫敏	罗恩	德拉科
飞来咒	✓	✓	✗	✓
铁甲咒	✗	✗	✓	✗
复苏咒	✗		✓	✗
统统石化咒	✓		✗	✗

（7）赫敏学会了两个咒语，同时赫敏与罗恩学会了相同的咒语

根据这两条信息，赫敏学会的另一个咒语就只能是复苏咒了，因为如果赫敏学会的是统统石化咒，那么他将与罗恩学会的咒语都不相同，这与题目中已知的信息不符。所以最终的推理表格见表 3-20。

表 3-20　推理表格 9

	哈利	赫敏	罗恩	德拉科
飞来咒	✓	✓	✗	✓
铁甲咒	✗	✗	✓	✗
复苏咒	✗	✓	✓	✗
统统石化咒	✓	✗	✗	✗

综上所述，本题最终的结论是：哈利学会了飞来咒、统统石化咒；赫敏学会了飞来咒、复苏咒；罗恩学会了铁甲咒、复苏咒；德拉科学会了飞来咒。

3.10 错装的砝码

实验室里有三只盒子，第一只盒子中装了两个1克的砝码，第二只盒子中装了两个2克的砝码，第三只盒子中装了一个1克和一个2克的砝码。每只盒子的外面都贴有标签用来标识这个盒子中装的是什么砝码，但是不巧的是所有标签都贴错了。聪明的约翰只从其中一个盒子中取出了一个砝码并放到天平上称了一下，就把所有标签都修改正确。你知道约翰是怎样做到的吗？

难度：★ ★ ★

约翰只从其中一个盒子中取出了一个砝码，那么究竟他是从哪个盒子中取出的砝码呢？我们不妨考虑一下每一种可能的取法，看一看哪种取法可以一次把所有标签都修正过来。

（1）假设约翰从贴有"盒子中装有两个1克的砝码"标签的盒子中取出一个砝码

已知标签全部贴错，所以这个盒子中所装的砝码要么是两个2克的砝码，要么是一个1克和一个2克的砝码。如果是第一种情况，那么约翰取出的砝码一定是2克的；如果是第二种情况，约翰取出的砝码可能是1克的，也可能是2克的。所以如果约翰从贴有"盒子中装有两个1克的砝码"标签的盒子中取出一个砝码，而取出的砝码是2克的，那么约翰就无法判断出到底盒中所装的砝码是两个2克的还是一个1克和一个2克的了。所以这种取法是不正确的。

（2）假设约翰从贴有"盒子中装有两个 2 克的砝码"标签的盒子中取出一个砝码

已知标签全部贴错，所以这个盒子中所装的砝码要么是两个 1 克的砝码，要么是一个 1 克和一个 2 克的砝码。如果是第一种情况，那么约翰取出的砝码一定是 1 克的；如果是第二种情况，约翰取出的砝码可能是 1 克的，也可能是 2 克的。所以如果约翰从贴有"盒子中装有两个 2 克的砝码"标签的盒子中取出一个砝码，而取出的砝码是 1 克的，那么约翰就无法判断出到底盒中所装的砝码是两个 1 克的还是一个 1 克和一个 2 克的了。所以这种取法也是不正确的。

（3）假设约翰从贴有"盒子中装有一个 1 克和一个 2 克的砝码"标签的盒子中取出一个砝码

已知标签全部贴错，所以这个盒子中所装的砝码要么是两个 1 克的砝码，要么是两个 2 克的砝码。如果是第一种情况，那么约翰取出的砝码一定是 1 克的；如果是第二种情况，约翰取出的砝码一定是 2 克的。

所以如果约翰从这个盒子中取出的是 1 克的砝码，就说明这个盒子中装的砝码是两个 1 克的砝码；而贴有"盒子中装有两个 2 克的砝码"的盒子中所装的砝码只可能是一个 1 克和一个 2 克的，因为它贴的标签也是错误的，所以不可能装的是两个 2 克的砝码，同时也不可能装的是两个 1 克的砝码。贴有"盒子中装有两个 1 克的砝码"的盒子中所装的砝码就只可能是两个 2 克的，如图 3-7 所示。

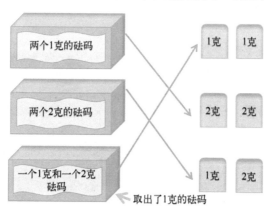

● 图 3-7　约翰从盒子中取出 1 克砝码时的情形

如果约翰从这个盒子中取出的是 2 克的砝码，则说明这个盒子中装的砝码是两个 2 克的砝码；而贴有"盒子中装有两个 1 克的砝码"的盒子中所装的砝码只可能是一个 1 克和一个 2 克的，因为它贴的标签也是错误的，所以不可能装的是两个 1 克的砝码，同时又不可能装的是两个 2 克的砝码。贴有"盒子中装有两个 2 克的砝码"的盒子中所装的砝码就只可能是两个 1 克的，如图 3-8 所示。

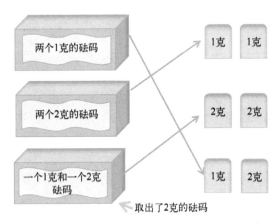

图 3-8　约翰从盒子中取出 2 克砝码时的情形

所以约翰只需要从贴有"盒子中装有一个 1 克和一个 2 克的砝码"标签的盒子中取出一个砝码便可以推算出每个盒子中分别装的是什么砝码了。

3.11 叔叔的生日是哪天

叔叔来家做客，哥哥和妹妹问叔叔生日是哪天，叔叔说自己生日是 1989 年某天，然后把月份告诉个哥哥，日子告诉了妹妹，最后告诉他们生日在下面 18 个日期里：

1 月 9 日，1 月 20 日，1 月 31 日
2 月 1 日，2 月 15 日，2 月 29 日
3 月 11 日，3 月 21 日，3 月 31 日
4 月 18 日，4 月 19 日，4 月 20 日
5 月 9 日，5 月 19 日，5 月 29 日
6 月 15 日，6 月 18 日，6 月 21 日

哥哥说："我不知道，妹妹肯定也不知道。"
妹妹说："本来我不知道，现在知道了。"
哥哥说："我也知道了。"
请问叔叔生日是哪天？

难度：★★★

这是一道非常有意思的逻辑推理问题。要解决这个问题，我们需要从哥哥和妹妹的对话以及给出的这18个日期入手分析。

已知叔叔把自己生日的月份告诉了哥哥，把自己生日的日子告诉了妹妹，所以哥哥知道了叔叔生日的月份，即1、2、3、4、5、6中的一个。而妹妹知道了叔叔生日的日子，即9、20、31、1、15、29、11、21、18、19中的一个。下面我们来进一步分析哥哥和妹妹的对话。

（1）哥哥说"我不知道，妹妹肯定也不知道"

首先这句话说明哥哥无法通过掌握的月份推断出叔叔的生日，这是显而易见的。因为哥哥只知道叔叔的生日月份是1、2、3、4、5、6中的一个，而每个月份中都包含三个不同的日期，所以仅凭已知的月份哥哥是不可能推断出叔叔的生日的。

但是哥哥凭什么说"妹妹肯定也不知道"呢？妹妹已经知道了叔叔生日是几号了，但是她不知道月份，那么妹妹能否仅通过知道的日子就能推断出叔叔的生日呢？我们再来仔细看一下叔叔给出的这18个生日日期，如图3-9所示。

● 图3-9　叔叔给出的这18个生日日期

细心的读者可以发现，如果叔叔的生日日期是11号，那么仅凭这个日子妹妹就可以推断出叔叔的生日了。为什么呢？因为在这18个生日日期中11号只出现了一次，即3月11日。那么像11号这样的仅出现一次的日期还有哪些呢？仔细观察可以发现还有2月1日，因为1号仅出现一次。所以哥哥之所以断定"妹妹肯定也不知道"就是因为叔叔的生日肯定不在2月和3月。

但是这里还隐藏着一个巨大的陷阱，那就是已知叔叔的生日是1989年的某月某日，而1989年是平年，没有2月29日。所以这样看来叔叔的生日也不能是

29 号了，如果是 29 号，则妹妹完全可以推断出叔叔的生日是 5 月 29 日。对于聪明的哥哥来说，他肯定也知道这一点，但是他却十分肯定地说"妹妹肯定也不知道"，这就说明叔叔的生日也不在 5 月份。

所以根据哥哥所说的"我不知道，妹妹肯定也不知道"这句话我们可以推断出一个结论——叔叔的生日肯定不在 2 月、3 月和 5 月。

（2）妹妹说"本来我不知道，现在我知道了"

妹妹最开始一定是不知道叔叔的生日的，因为叔叔的生日不在 2 月、3 月、5 月，所以不存在唯一日子数（例如 3 月 11 日）的日期，因此仅凭妹妹知道的叔叔的生日是几号是无法推断出叔叔生日的详细日期的。但是通过上面哥哥所说的这句话，妹妹就可以推断出叔叔的生日一定不在 2 月、3 月、5 月，所以叔叔的生日就锁定在图 3-10 所示的几个日期中。

● 图 3-10 通过哥哥说"我不知道，妹妹肯定也不知道"
可锁定叔叔的生日日期

那么妹妹为什么又说"现在我知道了"呢？

假设妹妹手中的日期是 20 号，那么她是无法推断出叔叔的生日的，因为 20 号对应的日期有两个，即 1 月 20 日和 4 月 20 日。所以妹妹能肯定地说"我知道了"就说明叔叔的生日的日子一定在上面这 9 个日期中只出现一次。不难发现，9 号、31 号、19 号、15 号和 21 号都只出现一次，所以叔叔的生日就被锁定在图 3-11 所示的这五个日期中。

● 图 3-11 通过妹妹说"本来我不知道，现在我知道了"可锁定叔叔的生日日期

（3）哥哥说"我也知道了"

哥哥此时也一定知道了叔叔的生日只可能是上面这五个生日其中之一，但是哥哥比我们知道的更多，因为他知道叔叔生日的月份。如果叔叔的生日是 1 月或者 6 月，那么哥哥就无法推断出叔叔的生日的详细日期了，因为它们都包含了两天。所以叔叔的生日只可能是 4 月 19 日。

第一章

第二章

第三章

第四章

第五章

第六章

纵观整个推理过程，我们发现哥哥和妹妹的每一次对话都包含了大量的信息，通过他们的对话可以推导出一定的结论，从而缩小了问题答案的范围。在每一次"初步结论"的基础上再进行下一次的推导，这样一步一步地逼近问题的最终答案。

3.12 约翰教授的扑克牌谜题

P 先生和 Q 先生是约翰教授的学生，他们都绝顶聪明并且具有超强的逻辑推理能力。他们知道约翰教授的办公桌抽屉里有如下 16 张扑克牌，分别是：

红桃 A、Q、4

黑桃 J、8、4、2、7、3

梅花 K、Q、5、4、6

方块 A、5

约翰教授从这 16 张牌中挑出一张牌来，并把这张牌的点数告诉 P 先生，把这张牌的花色告诉 Q 先生。

这时，约翰教授问 P 先生和 Q 先生：你们能从已知的点数或花色中推知这张牌是什么牌吗？

P 先生："我不知道这张牌。"

Q 先生："我知道你不知道这张牌。"

P 先生："现在我知道这张牌了。"

Q 先生："我也知道了。"

请问：这张牌是什么牌？

难度：★ ★ ★

本题仍然是对话形式的逻辑推理问题，要解决这类问题必须从对话双方的描述入手，结合已知的信息逐步缩小问题答案的范围，最终找出问题的答案。我们来看一下 P 先生和 Q 先生的对话分别透露给了我们哪些信息。

首先这 16 张扑克牌的花色以及点数 P 先生和 Q 先生是知道的，但是约翰教授从中挑出的是哪一张两个人只知道部分信息，其中 P 先生只知道这张牌的点数，而 Q 先生只知道这张牌的花色。

（1）首先 P 先生说："我不知道这张牌。"

如果这张牌的点数对应的花色在这 16 张牌中是唯一的，那么 P 先生一定会马上猜出这张牌是什么。例如，如果这张牌的点数是 8，那么它在这 16 张牌中对应的花色是唯一的，就是黑桃，没有其他花色的扑克牌有 8 这个点数了。因此 P 先生一定能够猜出这张牌是黑桃 8。现在 P 先生无法猜出这张牌的花色，那就说明这张牌的点数在这 16 张牌中对应的花色一定不唯一。这样就可以将问题的答案缩小到图 3-12 所示的扑克牌中。

可见约翰教授挑出的这张扑克牌一定不是黑桃 J、8、2、7、3 和梅花 K、6。

（2）Q 先生："我知道你不知道这张牌。"

Q 先生只知道这张牌的花色而不知道这张牌的点数，他之所以说"我知道你不知道这张牌"只有一种可能就是该花色的扑克牌中没有单个出现的点数。试想如果 Q 先生知道的花色是黑桃，他就不敢下结论说"我知道你不知道这张牌"了。因为黑桃这个花色中有 J、8、2、7、3 这几个点数，而这些点数对应的花色都是唯一的，也就是说，只有黑桃花色有这几个点数，其他花色都没有这些点数。如果 P 先生知道的点数恰好是 J、8、2、7、3 这几个点数，那么他就能猜出这张牌的花色了。现在 Q 先生明确地说他知道 P 先生不知道这张牌，就说明该花色的扑克牌中一定没有类似黑桃这样存在单个出现点数的扑克牌。类似的花色还有梅花，因为梅花中包含 K、6 这两个点数，而这两个点数在其他花色中是不存在的。所以问题的答案又可以进一步缩小到图 3-13 所示的扑克牌中。

（3）P 先生："现在我知道这张牌了。"

现在 P 先生也能推论出以上结论了，在此基础上他说知道了这张牌，那就说明这张牌的点数一定是 Q、5、4 其中之一。因为如果这张牌的点数是 A，那么 P 先生就肯定无法确定这张牌的花色是红桃还是方块了。这样就可以将问题的答案缩小到图 3-14 所示的扑克牌中。

（4）Q 先生："我也知道了。"

现在 Q 先生也能推论出以上结论了，他说自己也知道了这张牌，那就说明这张牌一定是方块 5，因为如果这张牌的花色是红桃，那么他就无法确定这张牌是红桃 Q 还是红桃 4 了。所以约翰教授挑出的这张牌是方块 5。

● 图 3-13 通过 Q 先生说
"我知道你不知道这张牌"
可锁定的扑克牌范围

● 图 3-14 通过 P 先生说
"现在我知道这张牌了"
可锁定的扑克牌范围

3. 13 破解手机密码

有一部手机设置了四位数的密码。一个人尝试输入四位密码打开这部
手机，但是他连续输入了五次都是错误的。这个人输入的五次密码
分别是

6087、5173、1358、3825、2531

已知每次输入的密码中有两位数字正确，但是位置都不对。你能猜出这部手
机的密码是多少吗？

难度：★★★★

仔细阅读本题可以发现题目中只给出了两个已知条件。

1）输入的五次密码分别是 6087、5173、1358、3825、2531。

2）每次输入的密码中有两位数字正确，但是位置都不对。

从这两个已知条件中能够挖掘出怎样的信息呢？

首先可将第二个已知条件用表格的形式呈现出来，见表3-21。

表 3-21 第二个已知条件的表格呈现

	0	1	2	3	4	5	6	7	8	9
第一位		✓	✓	✓		✓	✓			
第二位	✓	✓		✓		✓			✓	
第三位			✓	✓		✓		✓	✓	
第四位		✓		✓		✓		✓	✓	

在表3-21中用"√"标记该数字曾在该位上被尝试输入过。例如，五次输入的密码中第一位上曾输入过6、5、1、3、2这5个数字，所以就在表格的第一行中6、5、1、3、2这5个数字对应的格子里画上"√"。

因为"每次输入的密码中有两位数字正确，但是位置都不对"，所以我们自然可以想到表3-21中画"√"的数字在手机密码对应的位上一定不会出现。例如，手机密码中第一位上一定不会出现6、5、1、3、2这几个数字，否则就违背了"位置都不对"这个已知条件。

从表3-21中可以看出，数字3和数字5不会出现在手机密码中的任何位上，因为这两个数字从第一位到第四位的每一项上都标记了"√"。

结论1：手机密码中一定不包含3和5。

接下来再将第一个已知条件用表格的形式呈现出来，见表3-22。

表 3-22 第一个已知条件的表格呈现

	0	1	2	3	4	5	6	7	8	9
第一次	○						○	○	○	
第二次		○		○		○		○		
第三次		○		○		○			○	
第四次			○			○			○	
第五次		○	○			○				

在表3-23中用"○"标记该数字曾在某次尝试中被输入过。例如，第一次输入的密码为6087，所以在0、6、7、8对应的表格中画"○"。

因为结论1告诉我们手机密码中不包含3和5，所以可将表3-22中数字3和数字5对应的两列去掉，构成表3-23。

第一章

第二章

第三章

第四章

第五章

第六章

表 3-23　删除表 3-22 中数字 3 和数字 5 对应的两列

	0	1	2	4	6	7	8	9
第一次	○				○	○	○	
第二次		○				○		
第三次		○					○	
第四次			○				○	
第五次		○	○					

因为第二个已知条件告诉我们"每次输入的密码中有两位数字正确",再结合表 3-23 我们就会发现:手机密码中一定包含 1、2、7、8 这四个数字。因为在表格的第二、三、四、五次输入中,每行都只包含两个"○"。

结论 2:构成手机密码的四个数字为 1、2、7、8。

接下来要确认就是 1、2、7、8 这四个数字在密码中所处的位置。

前面已经讲到,表 3-21 中画"√"的数字在手机密码对应的位上一定不会出现,所以回过头来再看表 3-21 就会发现:

第一位上不能出现 1、2、3、5、6,所以第一位上只可能是 7 或 8;

第二位上不能出现 0、1、3、5、8,所以第二位上只可能是 2 或 7;

第三位上不能出现 2、3、5、7、8,所以第三位上只可能是 1;

第四位上不能出现 1、3、5、7、8,所以第四位上只可能是 2;

反推第二位上一定是 7,那么第一位上一定是 8。

所以手机的密码为 8712。

3.14　智猪的博弈

猪　棚里养着大小两头猪。猪棚有一个门,门外有一个食槽,每天饲养员都会按时向食槽中投放 5 千克饲料。然而,控制猪棚门的开关在猪棚的另一侧,如果大猪去按动开关开门,则小猪可以伺机抢到 2.5 千克食物,这样大猪只能吃到 2.5 千克的食物,但是大猪开门需要消耗相当于 1 千克食物的能量。如果小猪去按动开关开门,大猪可以伺机抢到 4.5 千克的食物,小猪只能吃到 0.5 千克的食物,但是小猪开门也需要消耗相当于 1 千克食物的能量。如果两头猪谁也不去开门,则它们就谁也吃不到食物。若两头猪同时去开门，则大猪能吃到 3 千克的食物，小猪能吃到 2 千克的食物，同样两头猪开门都需要消耗相当于 1 千克食物的能量。请问最终这两头猪的策略是怎样的？

难度：★ ★ ★

在我们的日常生活中经常会遇到合作与竞争的问题，不同的对策带来的结果会有很大差别。选择了正确的对策，可以使自己在竞争中最大限度地获得利益；相反，如果对策失误则可能面临失败的困局。当然最好的策略是使博弈双方都能得到自己最大的利益，也就是"双赢"，但是这需要高超的策略艺术，也是人们一直在追求和探索的。

智猪博弈问题就是一道经典的博弈论问题，我们或许可以从中得到一些启示。

大猪和小猪应当怎样抉择呢？首先来罗列一下它们可选的几种策略以及每种策略下大猪和小猪各自的得与失。

策略一：大猪开门，小猪等待。小猪获得 2.5 千克食物，大猪获得 2.5 千克食物同时消耗 1 千克食物。

策略二：小猪开门，大猪等待。大猪获得 4.5 千克食物，小猪获得 0.5 千克食物同时消耗 1 千克食物。

策略三：大猪等待，小猪等待。大猪获得 0 千克食物，小猪获得 0 千克食物。

策略四：大猪开门，小猪开门。大猪获得 3 千克食物消耗 1 千克食物，小猪获得 2 千克食物消耗 1 千克食物。

可见不同的策略下，大猪和小猪的得失是各不相同的。我们可以用表 3-24 将每种策略下大猪和小猪的得失情况加以总结，表中第一个数字表示大猪的收益，第二个数字表示小猪的收益，所谓收益就是它们获得的食物重量减去消耗的食物重量。

表 3-24　大猪和小猪的得与失

		大　　猪	
		等　　待	开　　门
小猪	等待	大猪:0　小猪:0	大猪:1.5　小猪:2.5
	开门	大猪:4.5　小猪:−0.5	大猪:2　小猪:1

从表 3-24 中不难看出，小猪一定会选择等待，因为无论大猪选择什么策略，小猪选择等待都是最有利于自己的。如果大猪选择开门，小猪选择等待会收益 2.5 千克食物，相比之下如果小猪也选择了开门，则只能收益 1 千克食物；同理如果大猪选择了等待，小猪选择等待会收益 0 千克食物，但如果小猪选择了开门，则不但没有收益，还要消耗 0.5 千克的食物。虽然大猪小猪同时开门会比同时等待更加有利，但是在大猪与小猪的博弈中只能假设对方会选择最有利于自己的策略，因此如果小猪选择了开门，那么大猪一旦选择等待，那么结果就是小猪一无所得，还要消耗 0.5 千克的食物。所以小猪只能选择等待才是最保险的。

在此基础上大猪只能选择开门。因为如果大猪也选择了等待，那将两败俱伤，谁都得不到食物。如果大猪选择开门，虽然小猪是不劳而获的，但是大猪最起码还能收益 1.5 千克的食物。所以大猪只能无奈地选择开门。

所以博弈的结果就是：大猪开门，小猪等待。

在这场大猪与小猪的博弈中，双方都希望从中获取最大的利益，但是由于客观条件的限制，小猪必然占领了先机和主动，因此可以"以逸待劳"，"搭上了"大猪的"便车"。大猪在这场博弈中处于客观上的劣势，因此只能"委曲求全"，退而求其次地选择开门。

在现实生活中，这样的例子也不胜枚举。有些情况下，博弈双方的某一方处于被动的局面，而另一方处于主动的局面，这时主动方往往可以采取以逸待劳的策略，甚至不战而胜。而对于被动一方，就只能选择积极面对这种被动局面，这样损失才能较小。如果想从根本上扭转这种局面，只能靠改造这种客观环境，使之朝着有利于自己一方的方向发展，单纯地依靠对策也是无济于事的。

3.15 囚徒困局

这是一道经典的博弈问题。两个罪犯 A 和 B 被警察抓获，分别关在两个不同的房间中接受审讯。法官告诉他们：如果两人都坦白，则各判 5 年徒刑；如果两人都不承认，因为证据不足，则只能各判 1 年徒刑；如果一人坦白，一人不承认，则坦白的人可以免于刑罚，抵赖的人要重罚判处 8 年徒刑。两个囚徒都绝顶聪明，你知道他们的策略是什么吗？

难度：★★★

我们可以参考"猪的博弈论"的思路来分析这个题目。A、B 两个罪犯的策略无外乎只有两条，即坦白和抵赖。这样就构成了 4 种策略组合：(A 坦白，B 坦白)(A 坦白，B 抵赖)(A 抵赖，B 坦白)(A 抵赖，B 抵赖)。那么这四种组合 A、B 两人各自的收益是多少呢？我们可以用表 3-25 将每种策略下 A、B 两囚犯的得失情况加以总结，表中第一个数字表示 A 的收益，第二个数字表示 B 的收益。例如，收益为 0 表示免于坐牢，收益为 -5 表示需要判 5 年徒刑，以此类推。

表 3-25　A、B 两囚犯的得失

		B 囚徒	
		坦　白	抵　赖
A 囚徒	坦白	A：-5，B：-5	A：0，B：-8
	抵赖	A：-8，B：0	A：-1，B：-1

从表 3-25 中可以清晰地看出，对于 A、B 两囚犯来说选择坦白是他们最优的策略。这是因为在 B 坦白的前提下，如果 A 选择了坦白，则 A 就要被判处 5 年的徒刑，如果 A 选择了抵赖，则 A 要被判处 8 年的徒刑；而在 B 抵赖的前提下，如果 A 选择了坦白，则 A 就会免于刑罚，如果 A 也选择抵赖，则 A 要被判处 1 年的徒刑，因此无论 B 是坦白还是抵赖，对于 A 来说选择坦白都是风险最小的。同理，对于 B 来说，选择坦白也是风险最小的。

有的读者可能有这样的困惑：如果 A 和 B 都选择了抵赖，那不是比都选择坦白要好吗？但是问题恰恰就在于"全部抵赖"这个选择对于 A 和 B 整体上是好的，但是对于 A 或 B 个人来说却并非如此。因为只要有一方（A 或 B）知道了对方选择了抵赖，那么他一定会选择坦白，因为这样他就可以免于刑罚，谁也不会仗义到去作陪另一个人做一年牢的蠢事！

这就引申出一个深刻的道理：个人理性往往与集体理性之间是存在矛盾的。从集体理性来看，A、B 两人都选择抵赖或许是整体代价最小的一种选择，但是从 A 或 B 的个人理性来看，选择抵赖却不能使自身的利益得到最大化。在我们的现实生活中，这样的例子屡见不鲜。比如国家的税收政策，对于单个纳税人来说肯定是存在经济利益的损失，但是从国家的宏观理性来看，税收可以使公共的利益得到提升，从而反哺给我们每一个纳税人。因此从大局上看，一个国家的税收政策是必需的，也是有益于每一个公民的。

另外与上一题的道理一样，这个例子也生动地告诉了我们，个人利益的最大化并不一定就是集体利益的最大化。就像囚徒的策略那样，最终 A、B 两人都会选择坦白，这样满足了 A 和 B 两人各自利益的最大化，但是这并不是集体利益的最大化，因为如果两人都选择抵赖会更好。这就如同市场调节与宏观调控之间的关系一样。市场调节追求的是个人利益的最大化，按照供需关系调整商品的数量和价格。但是在这个过程中就可能产生出一些有悖于社会利益的东西，例如经济过热、生产过剩、经济泡沫、通货膨胀等，这个时候就需要国家的宏观调控这只有形的手进行干预，也就是从社会利益的层面上对市场经济进行调整和矫正。因此国家的宏观调控政策也是十分必要的。

上面的"智猪博弈"和"囚徒困局"两个问题是博弈论中两个最为著名而经典的模型。所谓博弈论，又称为对策论，它是现代数学的一个重要分支，属于运筹学的范畴。博弈论主要考虑游戏中个体的预测行为和实际行为，并研究它们的优化策略。从行为的时间序列性划分，博弈论可分为静态博弈和动态博弈。我们前面讲到"智猪博弈"和"囚徒困局"都属于静态博弈的范畴，也就是参与者同时进行选择，并且博弈双方彼此并不知道对方的行为。而我们熟知的棋牌类游戏等决策或行动是有先后次序的，且参与双方都能观察到彼此的行为，因此属于动态博弈的范畴。

博弈论的基本原理是由著名的数学家冯·诺依曼（见图 3-15）于 1928 年提出的，从此宣告了博弈论的正式诞生。从那时起，博弈论作为一门新兴的数学学科不断为人们所重视，并得到了长足的发展。当今时代，博弈论已经成为经济学的标准分析工具，同时在生物学领域、计算机科学、军事战略、金融证券等众多领域发挥着重要的作用。

提到博弈论，另一位不得不提到的人物就是美国数学家约翰·福布斯·纳什（见图 3-16）。纳什出生在美国西弗吉尼亚州的一个中产阶级家庭，从小性格孤僻，但是天资聪慧，喜爱读书，特别是对数学有着自己独到的理解。他在中学时期曾读过一本由贝尔所著的数学家传略《数学精英》，受此启发他成功证明了其中提到的和费马大定理有关的一个小问题，这件事对纳什的一生产生了深刻的影响。

● 图 3-15　数学家、计算机科学家——冯·诺依曼（von Neumann，1903-1957 年）

但是对纳什影响最深的还是他于 1950 年在普林斯顿大学发表的一篇以"非合作博弈（Non-cooperative Games）"为题的博士论文。在这篇仅仅 27 页的博士论文中提出了一个重要概念，这个概念后来被人们称为"纳什均衡"理论。正是这个理论奠定了数十年后他获得诺贝尔经济学奖的基础。

纳什均衡是博弈论的一个重要术语，所谓纳什均衡是指在一个博弈过程中，无论对方的策略选择如何，当事人一方都会选择某个确定的策略，则该策略被称作支配性策略。如果两个博弈的当事人的策略组合分别构成各自的支配性策略，那么这个组合就被定义为纳什均衡。在我们上面讲到的"智猪博弈"和"囚徒

● 图 3-16 数学家，经济学家——约翰·福布斯·纳什

（John Forbes Nash Jr. 1928–2015 年）

困局" 两个经典模型中，智猪和囚徒都选择了纳什均衡点作为最终自己的支配性策略。在 "智猪博弈" 中，小猪等待大猪开门就是纳什均衡点；而在囚徒困局中"A、B 两囚徒都选择坦白" 也是纳什均衡点。

纳什均衡在经济学中一个重要的贡献就是对亚当·斯密的 "看不见的手" 的原理提出挑战。按照亚当·斯密的理论，在市场经济中每一个人都从利己的目的出发，而最终全社会达到利他的效果。但是从纳什均衡的理论可以看出，从利己的目的出发有时并不一定能达到全社会利他的目的，正如在前面的分析中讲到的那样，个人利益的最大化并不一定就是集体利益的最大化。因此社会还需要一只 "看得见的手" 进行干预，这就是宏观调控。

3.16 美女的硬币游戏

━━━━ 个男人在咖啡馆中独自喝咖啡，一位陌生美女主动过来和他搭讪，并要求和该男子一起玩个游戏。美女提出这样一个游戏规则："让我们各自亮出硬币的一面，或正或反。如果我们都是正面，那么我给你 3 元，如果我们都是反面，我给你 1 元，剩下的情况你给我 2 元就可以了。"男人毫不犹豫地就答应下来。但是在玩游戏的过程中男人慢慢发现自己上当了，因为自己总是输钱。你知道这是什么原因吗？

难度：★ ★ ★ ★

男子之所以爽快地答应了这个美女的提议，除了眼前是个美女不好拒绝她之外，男子也会有一些理性的思考。他会这样想：硬币的组合无外乎（正，正）（反，反）（正，反）（反，正）这四种可能，其中两种组合的情况自己是赚钱的，并且总共能赚到 4 元，另外的两种情况自己是输钱的，最多也就输掉 4 元，所以平均下来自己不赚不赔，所以这个游戏是可以玩的。事实是这样吗？我们需要深入地思考这个问题。

我们可以用表 3-26 来描述男子在这个游戏中各种情形下的收益情况。

表 3-26　男子的收益情况

	美女出正面	美女出反面
男子出正面	+3	−2
男子出反面	−2	+1

假设男子出正面的概率为 x，出反面的概率就是 $1-x$；同时美女出正面的概率为 y，出反面的概率为 $1-y$，这种情形下，男子收益的数学期望 $E(S)$ 为

$$E(S)=3xy+(1-x)(1-y)-2x(1-y)-2(1-x)y$$

在上述等式中，xy 表示该男子和美女都出了正面；$(1-x)(1-y)$ 表示该男子和

第一章

第二章

第三章

第四章

第五章

第六章

美女都出了反面；$x(1-y)$ 表示男子出正面美女出反面；$(1-x)y$ 表示男子出反面女子出正面。将这四个概率与男子对应的收益乘积相加就是该男子收益的数学期望。

如果美女想要确保能从这个游戏中获得收益，就需要想方设法使得该男子的收益小于 0，也就是让该男子收益的数学期望 $E(S)$ 小于 0，于是得到下面这个不等式

$$3xy+(1-x)(1-y)-2x(1-y)-2(1-x)y<0$$

将上述不等式整理简化后可得到以下不等式

$$(8x-3)y-3x+1<0$$

因为美女亮出硬币正面的概率为 y，反面概率为 $1-y$，而且她是可以通过调整亮出硬币的正反面来控制这个概率的，所以如果想要使得男子的收益期望小于 0，就可以在美女亮出硬币正反面的概率上做文章，也就是需要计算满足上述不等式的条件下 y 的取值问题。

当 $8x-3>0$ 时，上述不等式可变为

$$y<\frac{3x-1}{8x-3}$$

而函数 $y=\frac{3x-1}{8x-3}$ 本身是一个减函数，所以当 $x=1$ 时 $\frac{3x-1}{8x-3}$ 为最小值 $\frac{2}{5}$。也就是说，当 $x>\frac{3}{8}$ 时，只要 $y<\frac{2}{5}$ 就可以保证该男子收益的期望小于 0。

当 $8x-3<0$ 时，上述不等式可变为

$$y>\frac{3x-1}{8x-3}$$

同理，函数 $y=\frac{3x-1}{8x-3}$ 本身是一个减函数，所以当 $x=0$ 时 $\frac{3x-1}{8x-3}$ 为最大值 $\frac{1}{3}$。也就是说，当 $x<\frac{3}{8}$ 时，只要 $y>\frac{1}{3}$ 就可以保证该男子收益的期望小于 0。

当 $x=\frac{3}{8}$ 时，y 取任何值 $E(S)$ 都小于 0。

综上所述，只要美女亮出硬币正面的概率 y 在 $\left(\frac{1}{3},\frac{2}{5}\right)$ 之间就可以保证该男子的收益期望一定小于 0。

从这个题目可以看出，在这个游戏中男子始终是处于劣势的，无论他以什么样的方式亮出硬币（正面或反面），美女都有必胜的策略。可能在某一局的游戏中该男子是获胜的，但是从整体来看，男子不可能获利，因为胜算掌握在美女手中。

3.17 五海盗分金

5 个海盗抢到了 100 枚金币，每枚金币的价值都相等。经过大家协商，他们定下了如下的分配原则：第一步，抽签决定自己的编号（1，2，3，4，5）；第二步，由 1 号海盗提出自己的分配方案，然后 5 个海盗投票表决，只有超过半数的选票通过才能采取该方案，但是一旦少于半数选票通过，该海盗将被投入大海喂鲨鱼；第三步，如果 1 号死了，再由 2 号海盗提出自己的分配方案，然后 4 个海盗投票表决，只有超过半数的选票通过才能采取该方案，但是一旦少于半数选票通过，该海盗将被投入大海喂鲨鱼，以此类推。已知海盗们都足够聪明，他们会选择保全性命的同时使自己利益最大化（拿到金币尽量多，杀掉尽量多的其他海盗以防后患）的方案，请问最终海盗是如何分配金币的？

难度：★★★★

本题是一道经典的博弈论问题，解决本题的方法是从后向前推演，最终确定五海盗的分金方案。

1）假设 1、2、3 号海盗都死了，只剩下 4 号和 5 号海盗，那么无论 4 号提出怎样的分配方案（哪怕是将金币全给 5 号），5 号海盗都会投反对票，只有这样 5 号海盗才能取得最多的金币同时杀掉 4 号海盗（实现利益最大化）。因此聪明的 4 号海盗决不会否决 3 号海盗的提议，因为只有这样他才能保全性命。

2）3号海盗也推理出4号一定支持他，因此如果1号2号海盗全死了，他提出的方案一定是（100，0，0），即自己独占这100枚金币。这样即便5号海盗不同意，自己和4号海盗也一定同意此方案。

3）2号海盗也已推理出3号海盗的分配方案，那么对于2号海盗他怎样做才能保证自己可以获得半数以上投票而不至于被扔到海里呢？他可以笼络4号海盗和5号海盗，给他们一点利益，这样总比自己被杀最后执行3号海盗的（100，0，0）的分配方案好。为了笼络4号海盗和5号海盗，他一定会提出（98，0，1，1）的方案，因为这样做4号和5号海盗至少还可以得到一枚金币，所以他们都会支持2号海盗的方案，这样2号海盗得到的票数就过半了。如果4号和5号海盗不支持2号海盗的方案，他们甚至连1枚金币都得不到。

4）1号海盗也料到以上的情况，为了拉拢至少2名海盗的支持，他会提出（97，0，1，2，0）或者（97，0，1，0，2）的方案。这样3号海盗一定会支持他，因为倘若1号海盗死了，他就可能得不到任何金币，所以理性的3号海盗一定会同意这个方案。给4号或者5号海盗2枚金币是因为如果按照2号海盗的分配方案他们最多得到1枚金币，因此给他们其中一人2枚金币就一定能够得到该海盗的支持。这种分配方案可以保证1号海盗至少获得3张选票。

因此最终1号海盗会提出（97，0，1，2，0）或者（97，0，1，0，2）的分配方案，这样他至少可以得到3号海盗、4号海盗，或者3号海盗、5号海盗的投票。虽然其他海盗肯定会心有不甘，但是客观的环境迫使他们无奈地接受现实。

五海盗分金的故事告诉我们：现实环境下，制定规则的人往往处于绝对的优势，因为他可以制定出最利于自己的规则和方案。而在客观条件的约束下，其他的人往往只能被动地接受。特别是处于2号海盗地位的夹心层，他们可能既不能像3、4、5号海盗一样得到1号海盗（方案制定者）的拉拢，又没有制定方案的机会和权力，所以处境最为尴尬。

第四章

当祖冲之遇到亚里士多德

——古今中外数学名题赏析

人类在绵延不息的历史长河中创造出无数灿烂辉煌的文化，也在不断地探索和发现中越来越认识这个世界。其中数学就是人类在不断认识世界、改造世界过程中发展出的一门基础科学，它被誉为是科学桂冠上一颗闪耀的明珠！

本章就带你畅游古今中外，从一些妙趣横生的经典数学名题作为切入点，领略数学的魅力，并感悟古圣先贤的智慧。这里有中国古代算学名著中的经典趣题，也包含一些外国经典的数学名题，因此这些题目兼具趣味性和实用性，很值得大家体验和品读。

4.1 问米几何

今有器中米，不知其数，前人取半，中人三分取一，后人四分取一，余米一斗五升，问本米几何？
——出自《孙子算经》

题目示意：

器皿中有一些米，但不知道总共有多少。第一个人取了一半，第二个人取了余下的三分之一，第三个人又取了余下的四分之一，此时器皿中的米还有一斗五升。请问最初器皿中有多少米？

难度：★

解决此题的方法很多，最简单直观的方法是使用方程求解。

假设器皿中原有米 x 斗，根据题目的已知条件，则可得出以下中间量：

$$\text{前人取米：} \frac{1}{2}x$$

$$\text{中人取米：} \frac{1}{3}\left(x - \frac{1}{2}x\right)$$

$$\text{后人取米：} \frac{1}{4}\left[x - \frac{1}{2}x - \frac{1}{3}\left(x - \frac{1}{2}x\right)\right]$$

又因为最终器皿中还剩 1.5 斗米（一斗五升为 1.5 斗），所以可列出以下方程：

$$x - \frac{1}{2}x - \frac{1}{3}\left(x - \frac{1}{2}x\right) - \frac{1}{4}\left[x - \frac{1}{2}x - \frac{1}{3}\left(x - \frac{1}{2}x\right)\right] = 1.5$$

$$x - \frac{1}{2}x - \frac{1}{3}x + \frac{1}{6}x - \frac{1}{4}x + \frac{1}{8}x + \frac{1}{12}x - \frac{1}{24}x = 1.5$$

$$\frac{1}{4}x = 1.5$$

$$x = 6$$

所以最初器皿中有 6 斗米.

古人还不懂得使用方程解决问题，所以本题自然还有算术解法。我们可以利用器皿中所剩米量在全部米量中的比例关系来计算最初器皿中有多少米。图 4-1 为每次取米量以及剩余米量在全部米量中各自所占的比例。

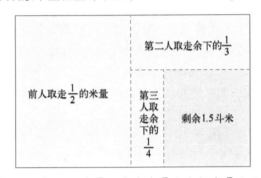

● 图 4-1 每次取米量和剩余米量在全部米量中的占比

在算术中要想计算整体量可以通过局部量除以它在整体量中的对应分率（也就是百分比）即可求出整体量来，所以这里只需要知道最后剩余的 1.5 斗米占全部米量的百分比，然后用 1.5 除以这个百分比就是全部的米量了。

通过图 4-1 不难看出，第一次取米量为全部的 $\frac{1}{2}$；第二次取米量是剩余的 $\frac{1}{3}$，也就是全部的 $\frac{1}{2} \times \frac{1}{3} = \frac{1}{6}$；第三次取米量为剩余的 $\frac{1}{4}$，也就是全部的 $\frac{1}{2} \times \frac{2}{3} \times \frac{1}{4} = \frac{1}{12}$。所以最后剩余的 1.5 斗米占全部米量的 $1 - \left(\frac{1}{2} - \frac{1}{6} - \frac{1}{12}\right) = \frac{1}{4}$。这样全部的米量就是 $1.5 \div \frac{1}{4} = 6$ 斗。

4.2 笔套取齐

八 万三千短竹竿，将来要把笔头安，管三套五为定期，问君多少能完成？

——出自《算法统宗》

题目示意：

有 83000 个短竹竿，将来会安上笔头制成毛笔，已知一根短竹竿可以制作 3 个笔管或者 5 个笔套。请问怎样用这 83000 个短竹竿制作出成套的毛笔（一根毛笔需要一个笔管配一个笔套)？

难度：★★

> 最简单直观的方法是利用方程组求解。
>
> 假设用 x 根竹竿制作笔管，用 y 根竹竿制作笔套，则可列出下列方程组
>
> $$\begin{cases} 3x = 5y \\ x + y = 83000 \end{cases}$$
>
> 上式中 $3x$ 表示 x 根竹竿制作的笔管数，$5y$ 表示 y 根竹竿制作的笔套数。因为现在要求笔管数目和笔套数目相等才能制造出成套的毛笔，所以令 $3x = 5y$。

另外，用来制作笔管的竹竿数 x 和用来制作笔套的竹竿数 y 相加在一起的和应恰好等于 83000 才能保证用完这 83000 根短竹竿，所以令 $x + y = 83000$。

经计算易知 $x = 51875$，$y = 31125$。

所以用 51875 根短竹竿制作笔管，用 31225 根短竹竿制作笔套，可以制作出成套的毛笔 $3 \times 51875 = 5 \times 31125 = 155625$ 支。

可见用方程组的方法求解此题简单直观，易于理解。

当然我们也可以使用算术方法求解此题。因为一根短竹竿可制作 3 个笔管或者 5 个笔套，所以用 5 根短竹竿制作的笔管和 3 根短竹竿制作的笔套是正好成套的。

如图 4-2 所示，5 根短竹竿可制作 15 个笔管，而 3 根短竹竿可制作 15 个笔套，正好可以制成 15 根毛笔。所以制作笔管的竹竿数与制作笔套的竹竿数应该

满足 5:3 的比例，这样才能制作出成套的毛笔。因此用来制作笔管的竹竿数为 83000×5/8＝51875；制作笔套的竹竿数为 83000×3/8＝31125。

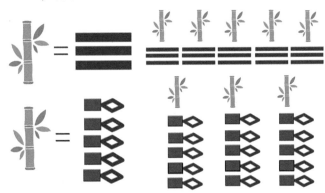

● 图 4-2　竹竿与笔管、笔套的对应关系

　　本题出自明代数学家程大位所著的《算法统宗》。《算法统宗》这本书全称为《直指算法统宗》，成书于 1592 年，是明代数学家程大位毕其一生心血的结晶之作，在我国数学史上有着不可替代的重要地位。程大位画像及其著作《算法统宗》如图 4-3 所示。

程大位画像

古版《算法统宗》影印

● 图 4-3　程大位及《算法统宗》

　　《算法统宗》是一部在当时十分具有实用价值的数学工具书。全书共十七卷，其中第一卷和第二卷主要介绍数学名词、大数、小数和度量衡单位以及珠算盘式

图、珠算口诀等。第三卷至第十二卷按照《九章算术》的次序列举了各种应用题及其解法。第十三卷至第十六卷为"难题"解法汇编。第十七卷为"杂法",也就是那些不能归入前面各类的算法。

值得一提的是,《算法统宗》这部书的题目大部分以珠算作为计算工具,在使用算筹作为主要计算工具的古代,这部书详细规范了珠算的规则,完善了珠算口诀,确立了算盘的用法,完成了由筹算到珠算的彻底转变,因此此书在中国珠算历史上具有标志性的意义。

纵观全书,以应用为主,包罗万象,富有系统性和实用性,为当时的生产生活提供了有力的数学工具的支持。因此这本书不仅在中国赫赫有名,也传入了日本、朝鲜、东南亚国家以及欧洲国家,成为举世闻名的东方数学名著!

4.3 儒生分书

毛诗春秋周易书,九十四册共无余,毛诗一册三人读,
春秋一本四人呼,周易五人读一本,要分每样几多书?

——出自《算法统宗》

题目示意:

现在有《毛诗》《春秋》《周易》三种书供学生来读,已知一共有 94 册书,《毛诗》要三个学生分一本读,《春秋》要四个学生分一本读,《周易》要五个学生分一本读。请问《毛诗》《春秋》《周易》三种书各有多少册?

难度:★★

最简单的方法是通过建立方程组来求解此题。

设《毛诗》有 x 册,《春秋》有 y 册,《周易》有 z 册。因为《毛诗》要三个学生分一本读,《春秋》要四个学生分一本读,《周易》要五个学生分一本读,所以 $3x=4y=5z$。同时因为一共有 94 册书,所以 $x+y+z=94$。这样便可得到如下方程组:

$$\begin{cases} 3x=4y=5z \\ x+y+z=94 \end{cases}$$

很容易得出 $x=40$,$y=30$,$z=24$,即《毛诗》共 40 册,《春秋》共 30 册,《周易》共 24 册。同时我们也可以算出学生的数量为 $3×40=4×30=5×24=120$ 人。

其实这道题目用算术的方法同样可以解决，只不过没有应用方程组那样直观简便。下面我们讨论一下本题的算术解法。

已知"3 个学生分一本《毛诗》，4 个学生分一本《春秋》，5 个学生分一本《周易》"，所以学生和每种书的对应关系如图 4-4 所示。

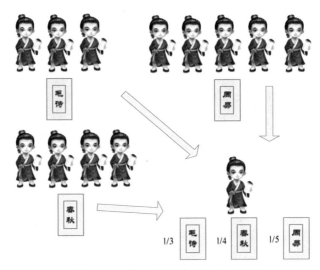

● 图 4-4 学生和每种书的对应关系

很显然平均下来每个学生占有《毛诗》仅 1/3 册，占有《春秋》1/4 册，占有《周易》1/5 册。这样合计起来，每个学生占有的书籍为 1/3+1/4+1/5＝47/60 册。又因为总共有 94 册书籍，所以我们可以得到学生的数量为

$$94 \div \frac{47}{60} = 120 \text{ 人}$$

如果大家不明白这里为什么要用除法的话，可以这样类比地思考：如果每个学生占有 1 册书，总共有 94 册书，那么学生数量一定为 94÷1＝94 人；如果每个学生占有 2 册书，总共有 94 册书，那么学生数量一定为 94÷2＝47 人；那么每个学生占有 47/60 册书，算法也是相同的。

知道了学生的数量就很容易计算每种书籍的数量了。

《毛诗》数量：120÷3＝40 册

《春秋》数量：120÷4＝30 册

《周易》数量：120÷5＝24 册

可见许多问题既可以采用方程的方法求解，也可以采用算术的方法求解，但是相比之下，方程求解更加简单直观。

4.4 以碗知僧

巍巍古寺在山中，不知寺内几多僧，三百六十四只碗，恰好用尽不差争。
三人共食一碗饭，四人共尝一碗羹，请问先生能算者，都来寺内几多僧？

——出自《算法统宗》

题目示意：

深山中有一座都来寺，谁也不知道里面有多少僧人。但知道：寺庙里共有
364 只碗且正好够用。僧人们每餐三人合吃一碗饭，四人共享一碗汤，请计算都
来寺僧人的数量。

难度：★★

本题与上一题《儒生分书》如出一辙，同样可以使用方程和算术方
法来求解。

最简单直观的方法还是用方程求解，假设都来寺中共有 x 个僧人，
因为他们每餐"三人合吃一碗饭，四人共享一碗汤"，所以有

$$饭碗数：\frac{x}{3}$$

$$汤碗数：\frac{x}{4}$$

又知总共有 364 只碗，所以可列出方程：

$$\frac{x}{3}+\frac{x}{4}=364$$

$$x=624$$

所以共有 624 个僧人。

本题还可以使用算术方法来求解。

因为"三人合吃一碗饭，四人共享一碗汤"，所以每个僧人每餐需要的碗的数量：

$$\frac{1}{3} + \frac{1}{4} = \frac{7}{12}(只)$$

又因为寺庙中共有364只碗且恰好够用，所以都来寺中僧人的数量为

$$364 \div \frac{7}{12} = 624(人)$$

4.5 追及盗马

今有人盗马乘去，已行三十七里，马主人乃觉，追之一百四十五里，不及二十三里而还。今不还追之，问几何里及之。

——出自《张丘建算经》

题目示意：

盗马贼骑着偷来的马跑了，已经跑出去 37 里马主人才发觉，于是乘马在后面追及，追出去 145 里后距离盗马贼还有 23 里，于是马主人就返回了。如果马主人不放弃继续追之，请问还要追多少里就能追上盗马贼了。

难度：★★★

这是一道有趣的追及类问题。一般情况下，解决追及问题需要先通过画图理清追赶者和被追赶者之间的位置关系，然后根据位置关系建立数学模型再进一步求解。所以首先根据题目给出的已知条件画出盗马者和马主人之间的位置关系，如图4-5所示。

如图4-5所示，最初马主人和盗马贼之间相差 37 里，然后马主人开始追赶盗马贼，当马主人跑出去 145 里后，他跟盗马贼之间的距离缩小为 23 里。这样看来马主人的速度要比盗马贼快一些，那么马主人的速度和盗马贼的速度存在着怎样的关系呢？我们可以通过题目中给出的已知条件得到这个信息。

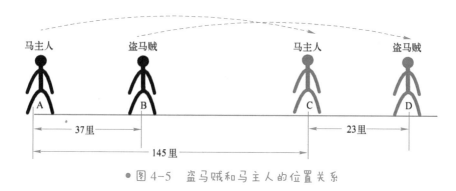

● 图 4-5　盗马贼和马主人的位置关系

因为马主人从图中位置 A 跑到位置 C 的时间和盗马贼从位置 B 跑到位置 D 的时间是相等的，同时 BC 之间的距离可以通过图 4-5 求出，它等于 145-37 = 108（里），所以可以求出 BD 之间的距离为 108+23 = 131（里）。也就是说相同时间内，马主人跑了 145 里，而盗马贼跑了 131 里。因此马主人与盗马贼的速度比为 145：131。

现在要计算的是当马主人处于位置 C 盗马贼处于位置 D 时，马主人追上盗马贼需要跑多少里。不妨假设马主人的速度为 $145v$，盗马贼的速度为 $131v$，同时假设马主人追上盗马贼所花的时间为 t，又知 CD 之间的距离为 23 里，所以可以列出下列等式：

$$145vt-23 = 131vt$$

其中 $145vt$ 表示 t 时间后马主人跑过的距离，$131vt$ 表示 t 时间后盗马贼跑过的距离，因为 t 时间后马主人就追上了盗马贼，所以他们跑出的这两个距离之差一定等于 23 里，也就是初始时两人之间的距离。

虽然这个等式中有两个未知量，但是我们并不需要具体的计算出这两个值是多少。我们要计算的是马主人追上盗马贼跑了多少里，也就是 $145vt$ 的值是多少，通过上式可得出

$$145vt-131vt = 23$$
$$14vt = 23$$
$$vt = \frac{23}{14}$$

所以 $145vt$ 就等于 $145 \times 23/14 \approx 238.214$（里）。也就是说如果马主人大约追出 238.214 里就可以追上盗马贼了。

这样看来本题似乎有些复杂，需要先计算出马主人和盗马贼之间的速度比，再通过建立等式关系计算出马主人追出的距离。其实古人在解决本题时并没有这么麻烦，而是采用了一个非常巧妙的方法。

已知马主人和盗马贼最初相距 37 里，然后马主人开始追赶盗马贼，当马主人跑过 145 里后二人相距 23 里，由此可以想到，如果最初马主人和盗马贼之间相距 37−23＝14 里的话，马主人跑过 145 里后就可以追上盗马贼了。也就是说马主人跑 145 里可以追及上先行 14 里的盗马贼。

现在要计算的是马主人要跑多少里可以追及先行 23 里的盗马贼，就可以利用 145：14 这个比例求解，假设马主人需要跑 x 里才能追及盗马贼，则有

$$\frac{145}{14} = \frac{x}{23}$$

$$x = 23 \times \frac{145}{14}$$

$$x \approx 238.214$$

这个计算结果跟我们上面得出的结果是一样的。

上述这种利用已知量比例关系计算未知量的方法在我国古代被称作"今有术"。"今有术"又被称作"异乘同除"或"通术"，如果用现代数学语言描述，它实际上就是利用正比例关系 $y = kx$，通过给定的所有率 x_1 和所求率 y_1 确定出比例系数 $k = y_1/x_1$，然后再用 k 和另外的所有率 x_2 求出新的所求率 y_2，如图 4-6 所示。

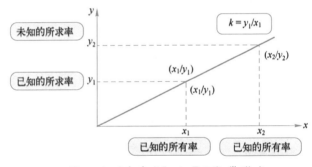

● 图 4-6　"今有术"的现代数学描述

结合本题，14 就是已知的所有率 x_1，145 就是已知的所求率 y_1，得到的比例系数 k 等于 145/14；另一个所有率 x_2 为 23，则要计算的所求率 y_2 等于 23×145/14≈238.214。

今有术虽然很简单，但是思想非常巧妙。我国魏晋时期的大数学家刘徽就非常推崇这个方法。他认为今有术是一种解题的通法，许多数学问题都可以以此为基，转化成比例问题用今有术求解。

知识延拓——《算经十书》之《张丘建算经》

《张丘建算经》也是中国古代一部重要的算学著作，被列为《算经十书》中

的一部，在中国的数学史上有着极其重要的地位。

《张丘建算经》约成书于北魏天安元年（约公元5世纪）。全书分为上、中、下三卷。因流传时间甚久，中卷结尾及下卷开篇已有残缺，现保存下来的共有92个数学问题及其解答。《张丘建算经》的内容及范围与《九章算术》类似，突出的成就集中在最大公约数与最小公倍数的计算、各种等差数列问题的解决、不定方程问题求解等方面，在某些地方甚至超越了《九章算术》的水平。

在《张丘建算经》中最为著名的一题是卷下第三十八题——"百钱百鸡"问题。这道题目提出并解决了一个在数学史上非常著名的不定方程问题，为后世求解不定方程提供了参考和借鉴的方法，因此家喻户晓，流传至今。自张丘建以后，中国数学家对"百钱百鸡"问题的研究不断深入，"百钱百鸡"问题也几乎成了不定方程的代名词，从宋代到清代围绕"百钱百鸡"问题的数学研究取得了很多成就。《张丘建算经》与"百钱百鸡"问题如图4-7所示。

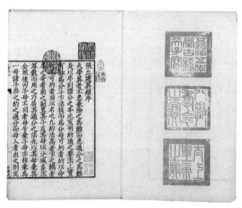
古版《张丘建算经》影印

著名的"百钱百鸡"问题

● 图4-7　《张丘建算经》与著名的"百钱百鸡"问题

4.6 追客还衣

今有客马日行三百里，客去忘持衣，日已三分之一，主人乃觉．持衣追及与之而还，至家，视日四分之三．问主人马不休，日行几何？
——出自《九章算术》

题目示意：

已知客人的马日行 300 里，客人离开主人家时忘了带上衣服，已走出 $\frac{1}{3}$ 天主人才察觉，主人拿着衣服乘马去追客人并把衣服归还，回到家中一天已经过了 $\frac{3}{4}$。已知主人的马不间断地奔跑，请问主人的马日行多少里？

难度：★★★

> 本题虽与上一题"追及盗马"同属追及问题，但是却有很大差别，因为本题的已知条件中只有时间量和客马的速度（300里/日），没有任何行走距离的描述，这一点请大家注意。即便如此，本题仍可采用"今有术"来求解。

题目已知客人的马先行了 $\frac{1}{3}$ 天，而后主人察觉到客人忘了带衣服，遂乘马追及。又知主人追上客人归还了衣服后乘马返回，到家后一天已过 $\frac{3}{4}$，因此可以知道主人乘马追上客人再到回到家中总共花费了

$$\frac{3}{4}-\frac{1}{3}=\frac{5}{12}(\text{天})$$

有的读者可能对此不太理解，为什么主人乘马的时间是 $\left(\frac{3}{4}-\frac{1}{3}\right)$ 天呢？这是因为客人先行 $\frac{1}{3}$ 天后主人才乘马追赶的，所以主人开始乘马时已经过了 $\frac{1}{3}$ 天，而主人回到家时已过了 $\frac{3}{4}$ 天，因此主人乘马的时间一定是 $\left(\frac{3}{4}-\frac{1}{3}\right)$ 天，图 4-8 可以说明这一点。

所以不难求出主人追上客人时花费的时间，这个时间是主人总共乘马时间的一半。

$$\frac{1}{2}\times\left(\frac{3}{4}-\frac{1}{3}\right)=\frac{5}{24}(\text{天})$$

而此时客人乘马的时间为

$$\frac{1}{2}\times\left(\frac{3}{4}-\frac{1}{3}\right)+\frac{1}{3}=\frac{13}{24}(\text{天})$$

这是因为客人比主人先行了 $\frac{1}{3}$ 天，当客人与主人在路上相遇时，客人乘马的

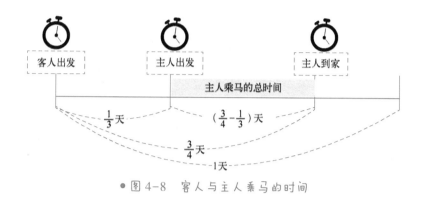

● 图4-8 客人与主人乘马的时间

时间就是主人乘马的时间再加上这个$\frac{1}{3}$天。

通过上面的计算可以知道:当主人追上客人时,主人花费的时间是$\frac{5}{24}$天,而客人花费的时间是$\frac{13}{24}$天,也就是说行走了同样的距离,主客二人花费的时间比为

$$\frac{T_{主}}{T_{客}}=\frac{\frac{5}{24}}{\frac{13}{24}}=\frac{5}{13}$$

因此主人的马速与客人的马速之比就是时间比的倒数,即

$$\frac{V_{主}}{V_{客}}=\frac{13}{5}$$

又知客马日行300里,所以假设主人的马每日行走x里,则有

$$\frac{x}{300}=\frac{13}{5}$$

$$x=300\times\frac{13}{5}$$

$$x=780$$

在使用今有术求解此题时,关键是要计算出主人的马速与客人的马速之比,再利用这个比例关系,通过已知的"客马日行300里(所有率)"计算出"主人的马日行多少里(所求率)"。

《九章算术》是我国现存最早的古代数学著作之一。它在中国数学史上有着举足轻重的地位，是影响中国古代数学发展的一部不朽巨著，被列为《算经十书》之首。这本书的作者已不可考，一般认为它是经历代各家的增补修订，而逐渐成为现今定本的。

《九章算术》涉猎广泛、内容丰富，全书共包含九章，分为二百四十六题二百零二术，内容大致包括：

1）方田：主要是田亩面积的计算和分数的计算，是世界上最早对分数进行系统叙述的著作。

2）粟米：主要是粮食交易的计算方法，其中涉及许多比例问题。

3）衰分：主要内容为分配比例的算法。

4）少广：主要讲开平方和开立方的方法。

5）商功：主要是土石方和用工量等工程数学问题，以体积的计算为主。

6）均输：计算税收等更加复杂的比例问题。

7）盈不足：讨论盈不足术及双设法的问题。

8）方程：主要是联立一次方程组的解法和正负数的加减法，在世界数学史上是第一次出现。

9）勾股：勾股定理的应用等。

《九章算术》一书确定了中国古代数学的框架，也就是以计算为中心，以解决人们生产、生活中的数学问题为目的的数学风格。受其影响，后世的许多数学著作多是为其作注，或是仿照其体例著书。因此《九章算术》在中国数学史上有着举足轻重的地位。

但是《九章算术》在写作上只列出了题目及解决此题的算法，没有任何解释和证明，这也被人们认为是《九章算术》的一个缺憾。好在后世不乏有人为《九章算术》作注，提出自己的心得，并为一些算法加以证明，这也弥补了《九章算术》没有解释和证明的缺憾，同时为它的传世和推广做出了贡献。其中最为著名的当推三国时期魏元帝景元四年（公元263年），刘徽为《九章算术》作注，如图4-9所示。

《九章算术》不仅在中国广为流传，而且被传到了日本和朝鲜等其他国家，对世界

● 图4-9　刘徽注《九章算术》

数学的发展也做出了重大的贡献。

4.7 数人买物

今 有人共买物，人出八，盈三；人出七，不足四。问人数，物价各几何？

——出自《九章算术》

题目示意：

有一些人共同买一个物品，每人出 8 元，还盈余 3 元，每日人出 7 元，则还差 4 元。请问共有多少人？这个物品的价格是多少？

难度：★★★

> 这是《九章算术》中一道很有名的题目，本题的解法阐述了古算中一个非常重要的算法——"盈不足术"。下面我们就具体分析一下此题。

本题最直观、最简单的解法就是应用方程组求解。假设共有 x 个人，物品的价格为 y 元，那么根据题目中的已知条件，可列出如下方程组：

$$\begin{cases} 8x - y = 3 \\ 7x + 4 = y \end{cases}$$

很容易计算出来 $x = 7$，$y = 53$。也就是说共有 7 人，物品的价格为 53 元。

可惜古人没有方程这一有效的计算工具，所以在计算这类盈亏问题时，古人常用的方法就是前面我们提到的"盈不足术"。

采用盈不足术求解该题的步骤可归纳为

$$\begin{pmatrix} 8 & 7 \\ 3 & 4 \end{pmatrix} \rightarrow \begin{pmatrix} 8\times4 & 7\times3 \\ 3 & 4 \end{pmatrix} \rightarrow \begin{pmatrix} 8\times4+7\times3 \\ 3+4 \end{pmatrix} \rightarrow \frac{53}{7}\text{（每个人应出的钱数）}$$

$$人数=\frac{3+4}{8-7}=7$$

$$物价=\frac{8\times4+7\times3}{8-7}=53$$

这样便可以求出共有 7 人，物品的价格为 53 元。

你一定感到困惑，不知上面所云为何。下面我们就详细介绍一下。

首先将上题的表述抽象化为：有一些人共同买一个物品，每人出 x_1 元，还盈余 y_1 元，每人出 x_2 元，则还差 y_2 元。请问共有多少人？这个物品的价格是多少？

然后将 x_1、y_1、x_2、y_2 排成如下矩阵：

$$\begin{matrix} 每人出钱 \\ 买物数 \\ 盈不足数 \end{matrix} \begin{bmatrix} x_1 & x_2 \\ 1 & 1 \\ y_1(盈) & y_2(不足) \end{bmatrix}$$

矩阵的第一行为两次交易中每人出的钱数，第一次每人出 x_1 元，第二次每人出 x_2 元。矩阵的第二行为买物品的个数，两次交易都是买一件物品。矩阵的第三行为两次交易的盈亏额，第一次交易中盈余 y_1 元，第二次交易中不足 y_2 元。

现在我们要计算每人实际应出的钱数，其实就是要找到一种"不盈不亏"的出钱方法。如果将上面矩阵的第一列都乘以 y_2，第二列都乘以 y_1，就可以得到如下矩阵：

$$\begin{matrix} 每人出钱 \\ 买物数 \\ 盈不足数 \end{matrix} \begin{bmatrix} x_1y_2 & x_2y_1 \\ y_2 & y_1 \\ y_1y_2(盈) & y_2y_1(不足) \end{bmatrix}$$

这个矩阵可以表述为：第一次交易，每人出钱 x_1y_2 元，买 y_2 个物品，盈余 y_1y_2 元；第二次交易，每人出钱 x_2y_1 元，买 y_1 个物品，还差 y_1y_2 元。如果将两次交易相加，每人出钱 $x_1y_2+x_2y_1$ 元，买 y_1+y_2 个物品，则盈、不足抵消，即不盈不亏。所以可以得出结论：买 1 件物品，每人应出钱 $\frac{x_1y_2+x_2y_1}{y_1+y_2}$ 元，这样不盈也不亏。

下面我们计算人数。因为第一次每人出 x_1 元，盈余 y_1 元，第二次每人出 x_2 元，还差 y_2 元，所以两次交易相差的总金额为 y_1+y_2 元，而第一次跟第二次交易中每人出钱相差 x_1-x_2 元。

这样我们用总金额之差除以每人出钱之差，得到的就一定是人数。因此可以得出结论，人数 $=\frac{y_1+y_2}{x_1-x_2}$。

于是，物价 = 人数×每人应出的钱数 = $\dfrac{x_1y_2+x_2y_1}{y_1+y_2} \times \dfrac{y_1+y_2}{x_1-x_2} = \dfrac{x_1y_2+x_2y_1}{x_1-x_2}$元。

在《九章算术》中，x_1 和 x_2 被称作"所出率"，y_1 和 y_2 被称作"盈"或者"不足"。如果用 x_0 表示每人实际应出钱数，A 表示人数，B 表示物价，那么盈不足术可归纳总结为以下三个公式：

$$\left.\begin{array}{l} x_0 = \dfrac{x_1y_2+x_2y_1}{y_1+y_2} \\[3mm] A = \dfrac{y_1+y_2}{|x_1-x_2|} \\[3mm] B = \dfrac{x_1y_2+x_2y_1}{|x_1-x_2|} \end{array}\right\}$$

所以今后再遇到这类盈亏问题时，就可以使用盈不足术，套用上述三个公式进行计算了。

4.8 隔墙分银

隔墙听得客分银，不知人数不知银，七两分之多四两，九两分之少半斤

——出自《算法统宗》

题目示意：

隔着一道墙听到几个客商在分银子，不知道总共有多少银子和多少客商，只知道如果每个人分 7 两银子则多出 4 两，如果每个人分 9 两银子，则少了半斤。请问有多少客商？多少银子？（注：古代 1 斤等于 16 两，半斤等于 8 两）。

难度：★★★

> 盈不足术不仅可以用来求解上一题这类"买物盈亏"的问题，而且可以用来解决其他盈亏问题。例如"隔墙分银"这个题目，就是一道经典的盈不足问题。

这道题目用盈不足术求解也极为方便，解法如下：

$$\begin{pmatrix} 7 & 9 \\ 4(\text{盈}) & 8(\text{不足}) \end{pmatrix} \rightarrow \begin{pmatrix} 7\times8 & 9\times4 \\ 4 & 8 \end{pmatrix} \rightarrow \begin{pmatrix} 7\times8+9\times4 \\ 4+8 \end{pmatrix} \rightarrow \frac{92}{12}(\text{每个人应分的钱数})$$

$$人数 = \frac{4+8}{9-7} = 6$$

$$物价 = \frac{92}{12}\times6 = 46$$

所以答案是共有 6 人，分银 46 两。

如何来理解这个盈不足的推算过程呢？我们还是将题目中给出的这几个数字排成如下矩阵：

$$\begin{array}{l} \text{每人分银数} \\ \text{每人分银的份数} \\ \text{银子盈亏数} \end{array} \begin{bmatrix} 7 & 9 \\ 1 & 1 \\ 4(\text{盈}) & 8(\text{不足}) \end{bmatrix}$$

题目中描述如果每人分得 7 两银子，则最终还会盈余 4 两分不出去；如果每人分得 9 两银子，则最终还少 8 两不够分。按照盈不足的思想，假如有 8 倍的银子，每人分 $7\times8 = 56$ 两银子，则剩余 $4\times8 = 32$ 两银子；假如有 4 倍的银子，每人分 $9\times4 = 36$ 两银子，则不足 $4\times8 = 32$ 两银子。

$$\begin{bmatrix} 7\times8 & 9\times4 \\ 8 & 4 \\ 4\times8(\text{盈}) & 8\times4(\text{不足}) \end{bmatrix}$$

将两者相加则表示每人分 $56+36 = 92$ 两银子，共分原来的 $8+4 = 12$ 倍的银子，则不盈不亏恰好分完。因此每人实际应分的钱数为：92/12 两。

又因为第一次分银子每人 7 两，最终盈余 4 两；第二次分银子每人 9 两，还有 8 两的不足，所以两次分银子总共相差了 $8+4 = 12$ 两，而每个人分得的银子相差 $9-7 = 2$ 两，因此用总额之差除以每人之差即为人数：12/2 = 6 人。

最终可得总钱数为 $6\times92/12 = 46$ 两银子。

知识延拓——影响世界的"盈不足术"

盈不足术是我国古代算法中的一颗耀眼的明珠，是中国古代独立创造的解决数学问题的一种杰出的算法，也是中国古算法中非常有代表性的一个算法，有"万能算法"的美誉。

从现代人的视角来看，如果我们使用方程的方法来求解这类盈亏问题其实是非常容易的。但是在欧洲代数学尚不完备并且没有得到普及和推广的古代，计算盈亏问题就不是那么简单的事了。盈不足术的出现为人们解开了这个困局。盈不足术以特定的数学模式代替各种数量关系的分析，将具体的问题高度抽象化，用

第一章

第二章

第三章

第四章

第五章

第六章

固定的通法解决同一类的各种问题。这种思想与方法在我国古代数学中有着非常深远的影响，"方程"这一数学模型，便是这一思想发展的产物。

盈不足术不但影响了中国，而且影响了世界。大约在 9 世纪，盈不足术被传到了阿拉伯，并被冠以"契丹算法"的名字广为流传。13 世纪意大利数学家又把此术介绍到欧洲，并进一步传播。由于用盈不足术解题时要通过两次假设，所以欧洲各国的算术书中后来都称该算法为"假借法"或"双设法"。在 16 世纪和 17 世纪，代数学还没有发展到充分利用符号的阶段，因此盈不足术长期盛行于欧洲大陆！

长期以来，这一古老而精妙的算法一直被称为"双设法""双假位法"，这种提法虽然高度概括了此算法的本质，但是缺少了些人文气息和中国味道。正因为此，在 1957 年著名的数学教育家钱宝琮先生就提议恢复"双假位法"原本的名称，仍称之为"盈不足术"。

盈不足术是中国古算法的瑰宝，也是世界数学史上一朵绚丽的奇葩。它是中国人用自己的聪明才智为人类做出的贡献，我们应当感到骄傲和自豪。

4.9 周山相会

今 有封山周栈三百二十五里，甲乙丙三人同绕周栈而行，甲日行一百五十里，乙日行一百二十里，丙日行九十里。问周向几何日会？

——出自《张丘建算经》

题目示意：

环山周栈的周长为 325 公里，甲乙丙三人环山而行，已知甲每天行走 150 里，乙每天行走 120 里，丙每天行走 90 里。甲乙丙三人同时从原点出发连续不断地行走，请问多少天后三人再次相遇于原出发点？

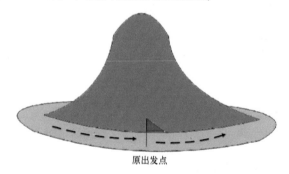

原出发点

难度：★★★★

因为甲、乙、丙三人行走的速度不相等，所以会出现下列的情形：

当甲行走完一周回到原出发点时，乙和丙还在路上，没有走完一圈。此时甲继续环山而行。

当乙行走完一周回到原出发点时，甲已经开始了第二圈的行走，并且正在路上，而丙此时还未走完一圈⋯⋯

从上面的描述中可以看到，试图理清每一个人的行走状态从而最终求出三人相遇的时间是不现实的。要求解此题，必须找到一些相等的关系并在此基础上建立数学模型。

题目要计算的是经过多少天之后三人再次相遇于原出发点，因此我们需要考虑三人相遇时需要满足的一些条件。显然，三人再次相遇需要满足以下两个条件：

1）从出发到再次相遇，三人行走的天数相等。

2）每个人行走的路程都是周栈的整数倍，即325里的整数倍。

基于上述相等关系，可以建立以下数学模型。

设三人再次相遇时，甲绕周栈 x 圈，乙绕周栈 y 圈，丙绕周栈 z 圈，则有

$$\frac{325x}{150} = \frac{325y}{120} = \frac{325z}{90} \quad x, y, z \in \mathbf{R}$$

其中 $\frac{325x}{150}$ 中的 $325x$ 为再次相遇时甲一共行走的路程，150 是甲行走的速度，二者相除为甲行走的天数。同理 $\frac{325y}{120}$ 为乙行走的天数，$\frac{325z}{90}$ 为丙行走的天数。再次相遇时三者必然是相等的。另外，因为是在原出发点相遇，所以 $x, y, z \in \mathbf{R}$，也就是说甲乙丙三人一定走了周栈长度的整数倍。

这样我们就可以求出 x、y、z 三个量之间的关系为

$$12x = 15y = 20z \quad x, y, z \in \mathbf{R}$$

因为要计算甲、乙、丙三人再次相遇的时间，所以我们只需要求出满足 $12x = 15y = 20z \quad x, y, z \in R$ 式的一组 $\{x, y, z\}$ 就可以知道相遇时甲、乙、丙三人各绕周栈行走了多少圈，再将其中的 x（或者 y, z）代入 $\frac{325x}{150} = \frac{325y}{120} = \frac{325z}{90} \quad x, y, z \in \mathbf{R}$ 中，就可以得出相遇时他们走了多少天。

但是现在有一个问题，通过 $12x = 15y = 20z$ 式我们可以得到无数组 $\{x, y, z\}$ 的解，这个要怎样选择呢？因为题目中要求计算甲、乙、丙三人再次相遇（即出发后第一次相遇）的时间，所以只要找到最小的那组解就可以了。我们只需要先求

出 12，15，20 的最小公倍数 lcm$(12,15,20)=60$，再用 $60\div12$ 得到 $x=5$，$60\div12$ 得到 $y=4$，$60\div20$ 得到 $z=3$。

将 $x=5,y=4,z=3$ 代入 $\dfrac{325x}{150}=\dfrac{325y}{120}=\dfrac{325z}{90}$ 中显然成立，并且可以求出三人再次相遇时又经历了 $10\dfrac{5}{6}$ 天。

以上解法简单直观，易于理解。其实《张丘建算经》中给出的解法更为精妙。我们再来学习一下《张丘建算经》中给出的解法。

1）首先计算甲、乙、丙三人每日所行路程里数的最大公约数，记作 gcd$(150,120,90)$，很容易得出 gcd$(150,120,90)=30$。

2）再用周栈的长度除以这个最大公约数即得答案，$325\div30=10\dfrac{5}{6}$ 天。

看来古人真是聪明绝顶，给出的方法也美妙绝伦。但是其中的道理何在呢？

对于这道题，我们首先可以计算一下甲、乙、丙三人绕周栈一周分别需要多少天的时间。

$$\text{甲：}\dfrac{325}{150}\text{天}$$

$$\text{乙：}\dfrac{325}{120}\text{天}$$

$$\text{丙：}\dfrac{325}{90}\text{天}$$

如果要计算三人再次相遇于原出发点的时间，实际上就是计算 $\dfrac{325}{150}$、$\dfrac{325}{120}$、$\dfrac{325}{90}$ 这三个数的最小公倍数，记作 lcm$\left(\dfrac{325}{150},\dfrac{325}{120},\dfrac{325}{90}\right)$。也就是说找到一个数 x（可能是整数也可能是分数），它除以 $\dfrac{325}{150}$、$\dfrac{325}{120}$、$\dfrac{325}{90}$ 这三个数都会分别得到一个整数，得到的这三个整数就是甲、乙、丙各自绕周栈行走的圈数，而 x 就是三人再次相遇经过的天数。

如何计算三个分数的最小公倍数呢？《张丘建算经》中给出的解法就描述了计算分数的最小公倍数的算法。

设 a、b、c、e 都是正整数，其中 a、b、c 的最大公约数记作：

$$d=\gcd(a,b,c)$$

而 $\dfrac{e}{a}$、$\dfrac{e}{b}$、$\dfrac{e}{c}$ 的最小公倍数记作：

$$x = \text{lcm}\left(\frac{e}{a}, \frac{e}{b}, \frac{e}{c}\right)$$

则有

$$x = \text{lcm}\left(\frac{e}{a}, \frac{e}{b}, \frac{e}{c}\right) = \frac{e}{\gcd(a,b,c)} = \frac{e}{d}$$

这便是计算分数的最小公倍数的算法。在本题中 $e = 325$；d 为 150、120、90 的最大公约数；x 就是所要计算的值。

其实这个算法也不难理解。要计算 $\frac{e}{a}$、$\frac{e}{b}$、$\frac{e}{c}$ 的最小公倍数，就是要找一个 x 除以 $\frac{e}{a}$、$\frac{e}{b}$、$\frac{e}{c}$ 分别得到整数（且 x 是最小的那一个）。也就是说 x 乘以 $\frac{a}{e}$、$\frac{b}{e}$、$\frac{c}{e}$ 分别得到整数，因此 x 的分子一定是 $\text{lcm}(e,e,e)$，也就是 e；而 x 的分母一定可以被 a、b、c 整除，又因为 x 要达到最小，所以 x 的分母应该是 $\gcd(a,b,c)$，这样分母是最大的。因此上面的公式是合乎道理的。

4.10 物不知数

今 有物不知其数，三三数之剩二，五五数之剩三，七七数之剩二，问物有几何？

——选自《孙子算经》

题目示意：

有些物品不知道有多少个，如果三个三个数，则剩余两个；如果五个五个数，则剩余三个；如果七个七个数，则剩余两个。请问这些物品有多少个？

难度：★★★★

这是一道蜚声中外的数学名题，虽然这道题目叙述简单，但是它的解法阐述了一条著名的数论基本定理——中国剩余定理。这道算题出自著名的《孙子算经》，它给出了一元同余方程组的求解方法，因此堪称中国古代数学为人类数学发展做出的一项伟大贡献。下面我们看一下这道题目的解法。

我们首先看一下《孙子算经》中给出的解答。

答曰：二十三

术曰：三三数之剩二，置一百四十；五五数之剩三，置六十三；七七数之剩二，置三十；以二百一十减之即得。

凡三三数之剩一，则置七十；五五数之剩一，则置二十一；七七数之剩一，则置十五；一百（零）六以上，以一百（零）五减之即得。

从《孙子算经》的描述中我们知道这道题的答案为 23，即有 23 个物品。那么是怎样得出的这个答案的呢？求解过程是怎样的呢？我们用现代的语言给予描述。

假设物品的数量为 x，那么根据已知条件，可得到如下方程组：

$$\begin{cases} x\%3 = 2 \\ x\%5 = 3 \\ x\%7 = 2 \end{cases}$$

其中符号%为求余数的符号，可读作"模"，例如 $5\%3 = 2$，表示 5 被 3 除余 2。

这样的方程组不是一般的方程组，在数学中称为同余方程组。更科学的表达方式如下：

$$\begin{cases} x \equiv 2 \,(\mathrm{mod}\,3) \\ x \equiv 3 \,(\mathrm{mod}\,5) \\ x \equiv 2 \,(\mathrm{mod}\,7) \end{cases}$$

如何求解这个同余方程组呢？我们可以借助著名的中国剩余定理求解这个问题。

中国剩余定理描述了求解一元线性同余方程组的计算方法，其形式化描述比较复杂抽象，因此在这里不再详述，有兴趣的读者可参考相关书籍。在这里仅给出 3 个同余式构成的同余方程组的一般化求解方法描述，其他的可依此类推。

设 a_1、a_2、a_3 分别表示被除数（即上式中的 3、5、7），余数分别为 m_1、m_2、m_3（即上式中的 2、3、2）。符号%为求余计算，可通过以下两步求取同余解 x。

1）找出 k_1，k_2，k_3，使得 k_i 能被 a_i 相除余 1，而可以被另外两个数整除，且 k_i 是所有满足条件的数中最小的那个。即

$$k_1\%a_2 = k_1\%a_3 = 0 \text{ 并且 } k_1\%a_1 = 1$$

$$k_2\%a_1 = k_2\%a_3 = 0 \text{ 并且 } k_2\%a_2 = 1$$

$$k_3\%a_1 = k_3\%a_2 = 0 \text{ 并且 } k_3\%a_3 = 1$$

2）将 k_1、k_2、k_3 分别乘以对应的余数 m_1、m_2、m_3，再加在一起，这便是同余组的一个解。再将其加减 a、b、c 的最小公倍数，便可得到无数多个同余组的解

x。用公式可表述为

$$x = k_1 m_1 + k_2 m_2 + k_3 m_3 \pm p \cdot \varphi(a_1, a_2, a_3)$$

其中 $p \cdot \varphi(a_1, a_2, a_3)$ 表示 p 乘以 a_1、a_2、a_3 的最小公倍数 $\varphi(a_1, a_2, a_3)$，p 为满足 $x>0$ 的任意整数。

需要注意的是，只有在 a_1、a_2、a_3 是互质（即 a_1、a_2、a_3 的最大公约数为 1）的前提下才能使用中国剩余定理求解该同余方程组。如果 a_1、a_2、a_3 不是互质的，需要先将其转换为互质的，才能使用中国剩余定理求解。

现在我们就用上述中国剩余定理的算法求解这个同余方程组。

1）令 $a_1 = 3, a_2 = 5, a_3 = 7$，并且这三个数互质。

找出 k_1，使得 k_1 能被 5 和 7 整除，并且 k_1 被 3 除余 1，同时 k_1 为所有满足上述条件的数中最小的那个。这样 $k_1 = 70$。

找出 k_2，使得 k_2 能被 3 和 7 整除，并且 k_2 被 5 除余 1，同时 k_2 为所有满足上述条件的数中最小的那个。这样 $k_2 = 21$。

找出 k_3，使得 k_3 能被 3 和 5 整除，并且 k_3 被 7 除余 1，同时 k_3 为所有满足上述条件的数中最小的那个。这样 $k3 = 15$。

2）计算 x 的值。

$$70 \times 2 + 21 \times 3 + 15 \times 2 = 233$$

233 即为上述同余方程组的一个解。用 233 加减 3、5、7 的最小公倍数 105 得到的值也都是上述同余方程组的解。因此 $233 - 210 = 23$ 亦为方程组的一个解，这就是《孙子算经》中给出的答案。

我们现在可以理解《孙子算经》中给出的求解方法了。所谓"三三数之剩二，置一百四十；五五数之剩三，置六十三；七七数之剩二，置三十；以二百一十减之即得。"其实就是 $70 \times 2 + 21 \times 3 + 15 \times 2 = 233$，再用 $233 - 210 = 23$ 的求解过程的描述，也就是应用中国剩余定理求解同余组的具体描述。

类似"物不知数"这样的求解同余组的古算题确实为数不少，淮安民间流传的一则故事——"韩信点兵"，也是类似的一道题目。

相传韩信带着 1500 名士兵前去打仗，战死大约四五百士兵，余下的士兵如果站 3 人一排，多出 2 人；站 5 人一排，多出 4 人；站 7 人一排，多出 6 人。请问余下多少士兵？

假设余下没有战死的士兵为 x 人，那么根据描述可列出同余方程组：

$$\begin{cases} x \equiv 2 \pmod 3 \\ x \equiv 4 \pmod 5 \\ x \equiv 6 \pmod 7 \end{cases}$$

因为 3、5、7 是互质的，所以可以用中国剩余定理的算法求解该题，令 $a_1 =$

$3, a_2 = 5, a_3 = 7, m_1 = 2, m_2 = 4, m_3 = 6$，那么

$$k_1 \% 3 = 1 \text{ 并且 } k_1 \% 5 = k_1 \% 7 = 0 \rightarrow k_1 = 70$$
$$k_2 \% 5 = 1 \text{ 并且 } k_2 \% 3 = k_2 \% 7 = 0 \rightarrow k_2 = 21$$
$$k_3 \% 7 = 1 \text{ 并且 } k_3 \% 3 = k_3 \% 5 = 0 \rightarrow k_3 = 15$$

这样按照公式 $x = k_1 m_1 + k_2 m_2 + k_3 m_3 \pm p \cdot \varphi(a_1, a_2, a_3)$ 可得，$70 \times 2 + 21 \times 4 + 15 \times 6 = 314$，根据题目给出的实际条件，余下的士兵应大约在 1000 人左右，所以要以 314 为基数，以 3、5、7 的最小公倍数为周期反复相加，直到加到 1000 左右。因此韩信余下的士兵大约为 $314 + 105 \times 7 = 1049$ 人，伤亡士兵大约为 451 人，这样符合题目的预期。

以上是应用中国剩余定理求解由 3 个同余式构成的一元线性同余方程组。推而广之，我们依然可用这个方法求解 N 个同余式构成的同余方程组，例如下面由 4 个同余式构成的同余组：

$$\begin{cases} x \equiv 1 \pmod{5} \\ x \equiv 5 \pmod{6} \\ x \equiv 4 \pmod{7} \\ x \equiv 10 \pmod{11} \end{cases}$$

因为 5、6、7、11 是互质的，所以可以使用中国剩余定理求解。令 $a_1 = 5, a_2 = 6, a_3 = 7, a_4 = 11, m_1 = 1, m_2 = 5, m_3 = 4, m_4 = 10$，那么

$$k_1 \% 5 = 1 \text{ 并且 } k_1 \% 6 = k_1 \% 7 = k_1 \% 11 = 0 \rightarrow k_1 = 6 \times 7 \times 11 \times 3 = 1368$$
$$k_2 \% 6 = 1 \text{ 并且 } k_2 \% 5 = k_2 \% 7 = k_2 \% 11 = 0 \rightarrow k_2 = 5 \times 7 \times 11 = 385$$
$$k_3 \% 7 = 1 \text{ 并且 } k_3 \% 5 = k_3 \% 6 = k_3 \% 11 = 0 \rightarrow k_3 = 5 \times 6 \times 11 = 330$$
$$k_4 \% 11 = 1 \text{ 并且 } k_4 \% 5 = k_4 \% 6 = k_4 \% 7 = 0 \rightarrow k_4 = 5 \times 6 \times 7 = 210$$

再计算 $k_1 m_1 + k_2 m_2 + k_3 m_3 + k_4 m_4$ 得 $1368 \times 1 + 385 \times 5 + 330 \times 4 + 210 \times 10 = 6731$，所以 6731 为上述同余方程组的一个解。而 $6731 \pm p 2310$，p 为满足 $6731 \pm p 2310 > 0$ 的任意整数，也是该同余方程组的解。

知识延拓——古算奇书《孙子算经》 与伟大的"中国剩余定理"

《孙子算经》是我国古代的一部算学经典。它成书于中国的南北朝时期，作者和编年已无法考证。这本书连同《周髀算经》《九章算术》《海岛算经》《张丘建算经》《夏侯阳算经》《五经算术》《辑古算经》《缀术》和《五曹算经》一并归入《算经十书》，作为隋唐时代国子监算学科的教科书，足见《孙子算经》的重要学术价值和历史地位。

《孙子算经》全书共分三卷。上卷主要讨论了度量衡的单位和筹算的制度及方法，叙述算筹计数的纵横相间制度和筹算乘除法则。中卷主要列举了一些与实际相关的应用题，涵盖求解面积、计算体积、计算等比数列等。下卷则最为著名，其中下卷第28题（见图4-10）的"物不知数"以及下卷第31题的"雉兔同笼"更是家喻户晓。由此衍生出蜚声中外的"中国剩余定理"和"中国古代方程理论"对后世产生了重大而深远的影响。

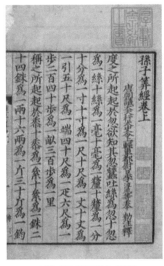

古版《孙子算经》影印 　　　　《孙子算经》下卷28题"物不知数"

● 图 4-10 《孙子算经》与"物不知数"

中国剩余定理是《孙子算经》中的点睛之笔，它提出了一元线性同余方程组的计算方法。相比之下，欧洲直到1202年意大利数学家斐波那契所著的《算法之书》中才对这类问题进行探讨，中国的这项研究要早于西方500多年！

在《孙子算经》之后，中国宋代的数学家秦九韶在《数书九章》中又对一元线性同余方程组进行了更为系统详尽的介绍，提出了著名的"大衍求一术"。

在欧洲，18世纪数学家欧拉和19世纪的数学家高斯都分别对一元线性同余方程组进行了深入的研究和探索。高斯在1801年出版的数学专著《算术探究》中系统而完整地提出了一次同余方程组的理论和解法，并给出了严格的证明。因此欧洲人称之为"高斯定理"。

1847年英国传教士伟烈亚力来到中国，并于1852年把《孙子算经》中的"物不知数"和秦九韶《数书九章》中的"大衍求一术"介绍给欧洲。欧洲人发现中国关于一元线性同余方程组的解法与高斯的《算术探究》中的解法完全一致，这才引起欧洲学者对中国数学的关注和认识。于是《孙子算经》和《数书九章》中求解一次同余方程组的方法在西方数学史专著中被正式命名为"中国剩余定理"。

4.11 雉兔同笼

今 有雉兔同笼，上有三十五头，下有九十四足。问鸡兔各几何？

——出自《孙子算经》

题目示意：

把鸡和兔子放在一个笼子中，共有 35 个头和 94 个足，请问鸡和兔子各有多少只？

难度：★★

这是一道很有趣也很有名的题目。我们用两种方法解决此题。

最为简单直观的解法就是应用方程组求解。设笼子中鸡有 x 只，兔子有 y 只，根据题目中的已知条件，因为共有 35 个头，所以 $x+y=35$；因为共有 94 个足，而每只鸡有 2 只脚，每只兔子有 4 只脚，所以 $2x+4y=94$，联立方程组可得

$$\begin{cases} x+y=35 \\ 2x+4y=94 \end{cases}$$

很容易计算出 $x=23$，$y=12$。所以笼子中鸡有 23 只，兔子有 12 只。

下面再介绍一种十分巧妙，而又非常经典的求解方法。

我们可以给笼子里的鸡和兔子发布一条命令："野鸡独立，兔子举手"。意思就是让笼子里的鸡都单腿站立，兔子都抬起两只前爪。这时地面上的脚有多少只呢？很显然，脚数恰好减少了一半，共有 47 只。而笼子中头的数量是不变的，仍为 35 个。我们再用 47 减去 35 得到的就是兔子的数量 12。

这是为什么呢？我们可以用图 4-11 解释一下其中的道理。

如图 4-11 所示，经过"野鸡独立，兔子举手"之后，每只鸡就对应了 1 只脚，而每只兔子对应 2 只脚。

● 图 4-11 "野鸡独立，兔子举手"示意

用脚的数量减去头的数量，对于鸡来说就全部减掉了，也就是说剩余的数量中不包含鸡的内容了。而对于兔子，由于其脚的数量是头的 2 倍，所以脚的数量减去头的数量剩下的就是兔子（头）的数量了。

也可以假设鸡头的数量为 a，兔头的数量为 b，那么经过"野鸡独立，兔子举手"之后，脚的数量变为 $a+2b$，头的数量仍为 $a+b$，那么用脚的数量（$a+2b$）减去头的数量（$a+b$）就得到了 b，也就是兔子的数量。

因此用"野鸡独立，兔子举手"的方法解决雉兔同笼问题就变得尤为简单了。归纳起来可以表述为

$$兔子数量 = 足数 \div 2 - 头数$$
$$鸡的数量 = 总头数 - 兔子数量$$

我们应用此法可以不用笔算，很快得到答案。

雉兔同笼古算解法的精妙之处就是利用了"野鸡独立，兔子举手"的方法将鸡与兔子的足数减半，再利用足数减头数的方法将鸡的内容消除，这是不是很类似于我们利用消元法求解二元一次方程组呢？以本题的方程解法为例

$$\begin{cases} x+y=35 & （1） \\ 2x+4y=94 & （2） \end{cases}$$

所谓"野鸡独立，兔子举手"其实就是将式（2）式除以 2，可得到方程组

$$\begin{cases} x+y=35 & （1） \\ x+2y=47 & （3） \end{cases}$$

然后再用足数减头数，相当于式（3）减去式（1），最后得到 $y=12$，即可得到兔子的数量。

可见，"野鸡独立，兔子举手"的方法中蕴藏着古代方程的理论，只是这个理论是寓于实际问题的计算中，而没有抽象成通用的代数符号。

4.12 百钱百鸡

有鸡翁一值钱五，鸡母一值钱三，鸡雏三值钱一。百钱买百鸡，问鸡翁、鸡母、鸡雏各几何？

——出自《张丘建算经》

题目示意：

一只公鸡值 5 钱，一只母鸡值 3 钱，三只小鸡值 1 钱。现用 100 钱买 100 只

鸡，请问能买公鸡、母鸡、小鸡各多少只？

难度：★ ★ ★

百钱百鸡问题是一道出自《张丘建算经》的数学名题，它的出名在于该题涉及不定方程的求解，以至于"百钱百鸡"几乎成了不定方程的代名词。下面我们就来看一下如何求解百钱百鸡问题。

首先假设百钱能买 x 只公鸡，y 只母鸡，z 只小鸡，根据题目已知的条件，不难列出如下方程组：

$$\begin{cases} x+y+z=100 \\ 5x+3y+\dfrac{z}{3}=100 \end{cases}$$

问题的关键在于如何求解这个方程组。因为这个方程组中包含 3 个未知数，但仅有两个方程，所以它是一个三元一次不定方程组，这样的方程可以有无穷多个解。而作为一个实际问题，它又不可能有无穷个解，因此本题的解被限制在一定的范围内。我们可以通过下面这个方法求解百钱百鸡问题。

首先将上面的方程组下式等号左右两边乘以 3，得到

$$\begin{cases} x+y+z=100 \\ 15x+9y+z=300 \end{cases}$$

然后将下式减去上式，将未知数 z 消去，得到

$$7x+4y=100$$
$$7x=4(25-y)$$

因为 y 表示母鸡的数量，x 表示公鸡的数量，所以 $x \in R$，$y \in R$。所以 $4(25-y)$ 一定是 4 的整数倍，所以 $7x$ 也一定是 4 的整数倍。又因为 7 不能被 4 整除，所以

x 一定是 4 的整数倍。不妨令 $x = 4t$，$t = 1$，2，3，…，则有

$$当 t = 1 时，x = 4，y = 18$$
$$当 t = 2 时，x = 8，y = 11$$
$$当 t = 3 时，x = 12，y = 4$$

显然 t 最多取值到 3，如果 $t \geq 4$，则 y 将会小于 0，这虽然是上述不定方程的解，但与百钱百鸡的实际情况不符，所以这些解不在本题考虑范围之内。

将上面求出的 x 和 y 值代入上述方程组中即可求出 z 的值。

因此百钱百鸡问题的解见表 4-1。

表 4-1　百钱百鸡问题的解

鸡翁（公鸡）	鸡母（母鸡）	鸡雏（小鸡）
4 只	18 只	78 只
8 只	11 只	81 只
12 只	4 只	84 只

《张丘建算经》中给出本题的答案及解法如下。

答曰：

鸡翁四，值钱二十，鸡母十八，值钱五十四，鸡雏七十八，值钱二十六；

又答：

鸡翁八，值钱四十，鸡母十一，值钱三十三，鸡雏八十一，值钱二十七；

又答：

鸡翁十二，值钱六十，鸡母四，值钱十二，鸡雏八十四，值钱二十八。

术曰：

鸡翁每增四，鸡母每减七，鸡雏每益三即得。

"答曰"即为题目的答案，上面给出了三组答案对应了表 4-1 中的三组解。"术曰"即为题目的解题步骤，从这个解题步骤来看，与我们通过 t 加 1，x 增 4 倍，再以此计算鸡母数量 y 和鸡雏数量 z 的方法不谋而合。

遗憾的是，《张丘建算经》中并没有给出本题的第一组解（即 $\{x = 4, y = 8, z = 12\}$）的解法，只是给出了由第一组解推导出第二、三组解的方法，这也引发了后世数学家的好奇与探究。

第一章

第二章

第三章

第四章

第五章

第六章

4.13   窥测敌营

问 敌军处北山下原，不知相去远近。乃于平地立一表，高四尺，人退九百步，步法五尺，遥望山原，适于表端参合。人目高四尺八寸。欲知敌军相去几何？

—— 出自《数书九章》

题目示意：

敌军的兵营处于北山脚下的平地上，但不知离我军有多远。为了测量远近，在平地上立了一个标杆，标杆高 4 尺。然后人退后 900 步，每步长 5 尺，目测敌军兵营，这时人眼、标杆顶端、敌军兵营处于一条直线上。已知人高 4 尺 8 寸。请问敌军兵营距离我军有多远？

难度：★★★

中国古代数学不但在算术的研究方面成绩斐然，而且在几何学的研究上也硕果颇丰。由于当时的中国主要以农业生产为主，因此丈量土地、计算面积、估测距离等计算就成为人们生产生活中所必需的技术。正因为如此，我国古代的数学家对几何学的探索和研究也是相当深入的。例如《九章算术》中卷一第一章就是"田方章"，刘徽注《九章算术》将其解读为"以御田畴界域"，意思就是计算平面图形的周长和面积。足见几何在中国古代数学中的重要地位。

本题就是一道估测距离的古算几何题。从题目给定的已知条件中，我们可以抽象出图 4-12 所示的几何关系图。

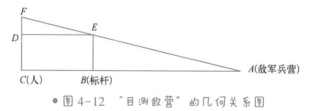

● 图 4-12　"目测敌营"的几何关系图

如图 4-12 所示，敌营处于图中 A 处，B 处立有一根标杆，标杆的高度 $BE=4$（尺）。人退后标杆 900 步站在 C 处，因为每步步长 5 尺，所以 CB 的距离为 900×

$5 = 4500$（尺）。人高 4 尺 8 寸，所以 $CF = 4.8$ 尺。此时点 F、E、A 处在同一直线上。我们需要计算的是 AB 之间的距离。

根据平面几何的知识易知 $\triangle FDE \backsim \triangle EBA$，因此有以下对应关系：

$$\frac{FD}{EB} = \frac{DE}{AB}$$

因为 $FD = FC - DC = FC - EB = 4.8 - 4 = 0.8$（尺），$EB = 4$（尺），$DE = CB = 4500$（尺），所以将这三个值代入上式可计算出 AB 的长度。

$$\frac{0.8}{4} = \frac{4500}{AB} \Rightarrow AB = 22500$$

因此敌军兵营距离标杆大约 22500 尺，换算成里数为 12.5 里。

4.14 三斜求积术

问 沙田一段，有三斜，其小斜一十三里，中斜一十四里，大斜一十五里。里法三百步，欲知为田几何？

——出自《数书九章》

题目示意：

有一段沙田，由三条边构成一个三角形，已知最短的边长 13 里，中间长度的边长 14 里，最长的边长 15 里，1 里 300 步，问这段沙田的面积是多少？

难度：★★★★

本题探讨的是三角形的三条边长与三角形面积之间的关系。在《数书九章》中对这个问题有过深入的探讨，这就是著名的秦九韶"三斜求积术"。下面我们就来看一下古人是怎样利用三角形的三条边长计算三角形的面积的。

在秦九韶的"三斜求积术"中，将不等边三角形的三条边依据其长短分别称为大斜、中斜、小斜，如图 4-13 所示。

其中最长的边称为"大斜"，中长的边称为"中斜"，最短的边称为"小斜"。那么，根据"三斜求积术"，三角形的面积为

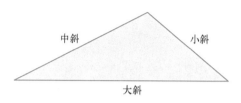

● 图 4-13 三角形中的大斜、中斜、小斜

$$面积 = \frac{1}{2}\sqrt{小斜^2 \times 大斜^2 - \left(\frac{大斜^2 + 小斜^2 - 中斜^2}{2}\right)^2}$$

如果用字母 S 表示面积，a 表示大斜，b 表示中斜，c 表示小斜，那么上述公式可表达为

$$S_\triangle = \frac{1}{2}\sqrt{a^2c^2 - \left(\frac{a^2 + c^2 - b^2}{2}\right)^2}$$

本题中已知大斜 $a = 15$ 里，中斜 $b = 14$ 里，小斜 $c = 13$ 里，代入上式得

$$S_\triangle = \frac{1}{2}\sqrt{15^2 \times 13^2 - \left(\frac{15^2 + 13^2 - 14^2}{2}\right)^2}$$

$$S_\triangle = \frac{1}{2}\sqrt{225 \times 169 - \frac{1}{4}(255 + 169 - 196)^2}$$

$$S_\triangle = 84(平方里)$$

所以三角形沙田的面积为 84 平方里，因为按照旧制，1 里 = 300 步，1 亩 = 240 平方步，100 亩 = 1 顷，所以沙田的面积为 84×90000÷240÷100 = 315（顷）。

我们不得不叹服古人的智慧，只需要知道三角形的三条边就可以准确地求出三角形的面积，这确实是一个很了不起的公式！

秦九韶的"三斜求积术"可以应用余弦定理证明，这里就不再给出具体的证明过程，有兴趣了解的读者可以参考相关的书籍得到答案。

知识延拓——秦九韶"三斜求积术"与海伦公式

说起秦九韶的"三斜求积术"想必大家了解得不多，但是有一个更为著名的利用三角形三条边长计算三角形面积的公式，大家可能会比较熟悉，这就是著名的海伦公式。海伦公式描述如下：

设三角形 ABC，三条边对应的边长分别为 a、b、c，如图 4-14 所示。

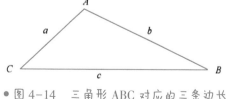

● 图 4-14 三角形 ABC 对应的三条边长

那么该三角形的面积为

$$S_{\triangle ABC} = \sqrt{p(p-a)(p-b)(p-c)}$$

$$其中\, p = \frac{a+b+c}{2}$$

例如上题中 $a=15$，$b=14$，$c=13$，代入海伦公式可得

$$p = \frac{15+14+13}{2} = 21$$

$$S_{\triangle ABC} = \sqrt{p(p-a)(p-b)(p-c)}$$

$$S_{\triangle ABC} = \sqrt{21 \times (21-15) \times (21-14) \times (21-13)} = 84(平方里)$$

可见海伦公式的计算结果与三斜求积术的计算结果是一致的。那么海伦公式与"三斜求积术"到底是怎样的关系呢？两个公式等价吗？

其实海伦公式与秦九韶的"三斜求积术"是完全等价的。下面我们就来推导一下两者的等价关系。

$$S_{\triangle} = \frac{1}{2}\sqrt{a^2 c^2 - \left(\frac{a^2+c^2-b^2}{2}\right)^2}$$

$$\Leftrightarrow (S_{\triangle})^2 = \frac{1}{4}\left[a^2 c^2 - \left(\frac{a^2+c^2-b^2}{2}\right)^2\right]$$

$$\Leftrightarrow 16(S_{\triangle})^2 = 4\left[a^2 c^2 - \frac{1}{4}(a^2+c^2-b^2)^2\right]$$

$$\Leftrightarrow 16(S_{\triangle})^2 = 4a^2 c^2 - 2(a^2+c^2-b^2)$$

$$\Leftrightarrow 16(S_{\triangle})^2 = (2ac+a^2+c^2-b^2)(2ac-a^2-c^2+b^2)$$

$$\Leftrightarrow 16(S_{\triangle})^2 = [2(a+c)-b^2][b^2-2(a-c)]$$

$$\Leftrightarrow 16(S_{\triangle})^2 = (a+c+b)(a+c-b)(b+a-c)(b-a+c)$$

$$\Leftrightarrow 16(S_{\triangle})^2 = (a+b+c)(a+b+c-2b)(a+b+c-2c)(a+b+c-2a)$$

令 $p = \dfrac{a+b+c}{2}$，则有

$$\Leftrightarrow 16(S_{\triangle})^2 = 2p(2p-2b)(2p-2c)(2p-2a)$$

$$\Leftrightarrow 16(S_{\triangle})^2 = 16p(p-b)(p-c)(p-a)$$

$$\Leftrightarrow (S_{\triangle})^2 = p(p-b)(p-c)(p-a)$$

$$\Leftrightarrow S_{\triangle} = \sqrt{p(p-b)(p-c)(p-a)}$$

可见海伦公式与秦九韶的"三斜求积术"是完全等价的。所以海伦公式又被称为"海伦-秦九韶公式"。

南宋数学家秦九韶于 1247 年提出了著名的"三斜求积术"（见图 4-15），虽然它与海伦公式的形式不同，但本质是一样的。这个公式的提出具有世界性意

秦九韶画像 　　　　　　《数书九章》中的三斜求积问题

● 图4-15　秦九韶与《数书九章》中的三斜求积问题

义，它充分的证明了我国古代的数学家已具备了很高的数学水平。

4.15 刘徽割圆术

中国古代计算圆周的长度一直采用"周三径一"的法则，也就是将一个圆的直径与其周长之间的比例关系规定为1:3，如果直径为1，则周长就等于3。从今人的眼光来看，这个结果显得过于粗糙。如果将圆周率 π 约取为3.1416，则对于一个直径为1的圆，其周长值应为3.1416，这个数与3之间还是有一定差距的。

其实古人也看到了这一点，魏晋时期的数学家刘徽就认为用"周三径一"法则计算出来的圆周长实际上不是圆的周长，而是圆内接正六边形的周长，这个数值要比实际的圆周长小一些。刘徽使用一种名为"割圆术"的方法来计算圆周率，得到了更为精确的圆周率值，你知道刘徽的割圆术是怎样计算圆周率的吗？

难度：★★★★★

如果将圆内接正六边形把圆周等分的六条弧继续等分下去，将每段弧再一分为二，然后将等分点作为顶点做一个圆内接正十二边形，那么这个内接正十二边形的周长就会更加接近圆的周长，如图4-16所示。

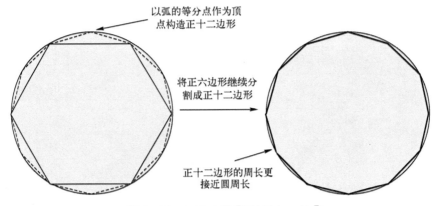

以弧的等分点作为顶
点构造正十二边形

将正六边形继续分
割成正十二边形

正十二边形的周长更
接近圆周长

● 图 4-16　从正六边形到正十二边形

如果把圆周上的等分弧继续二等分，做成一个圆内接正二十四边形、正四十八边形、正九十六边形、……则多边形将越来越接近于它的外接圆。如此不断地分割下去，直到圆内接正多边形的边数无限多的时候，这个正多边形就与其外接圆合一了。正如刘徽所说"割之弥细，所失弥少，割之又割，以至于不可割，则与圆合体，而无所失矣"。割圆术便是基于这个思想产生的。

割圆术是魏晋时期的数学家刘徽发明的，它是通过夹逼原理计算圆周率范围的一种方法。割圆术通过用圆的内接正多边形的面积去逼近圆的面积来限定圆周率的下限，通过内接正多边形的面积再加上"2 倍差幂"得到圆周率的上限，然后通过不断地割圆缩小上下限差来精确圆周率的取值范围。下面我们来看一下刘徽割圆术具体是怎样计算的。

如图 4-17 所示，给定一个半径为 1 的圆，该圆内接一个正六边形（实线包围），并以该正六边形为基础继续分割出一个正十二边形（虚线包围）。设这个

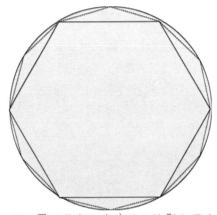

● 图 4-17　圆以及它的内接正六边形和正十二边形

正六边形的面积为 S_6，正十二边形的面积为 S_{12}，圆的面积为 S。根据圆的面积公式 $S=\pi R^2$ 可知圆周率 π 可通过 S/R^2 求出。又因为这里 $R=1$，所以 π 的值就等于该圆的面积 S。

将图 4-17 的一部分（$\frac{1}{6}$ 的正六边形部分）放大，得到图 4-18。

可以清晰地看到，该内接正六边形的每条边和圆周之间都有一段距离（图中 CG 的部分），割圆术中称之为"余径"。如果用正六边形的边长 AB 乘以余径 CG 就得到了矩形 $EABF$ 的面积，而这个面积恰好等于 $2\times(S_{\triangle AOC}+S_{\triangle COB}-S_{\triangle AOB})$，也就是 2 倍的三角形 ACB 的面积 $S_{\triangle ACB}$。在割圆术中 $S_{\triangle ACB}$ 称为"差幂"，$S_{矩形 EABF}$ 则称为"2 倍差幂"。

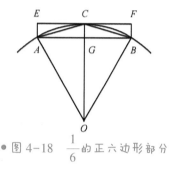

● 图 4-18　$\frac{1}{6}$ 的正六边形部分

不难看出，$S_{\triangle AOB}+S_{矩形 EABF}$ 一定大于扇形 $AOBC$ 的面积，也就是一定大于 $\frac{1}{6}S$，而 $S_{\triangle AOC}+S_{\triangle COB}$ 一定小于扇形 $AOBC$ 的面积，也就是一定小于 $\frac{1}{6}S$，所以可得到不等式：

$$S_{\triangle AOC}+S_{\triangle COB}<\frac{1}{6}S<S_{\triangle AOB}+S_{矩形\ EABF}$$

$$S_{\triangle AOC}+S_{\triangle COB}<\frac{1}{6}S<S_{\triangle AOB}+2(S_{\triangle AOC}+S_{\triangle COB}-S_{\triangle AOB})$$

将不等式每项乘以 6 可得

$$6(S_{\triangle AOC}+S_{\triangle COB})<S<6S_{\triangle AOB}+12(S_{\triangle AOC}+S_{\triangle COB}-S_{\triangle AOB})$$

$$6S_{\triangle AOC}+6S_{\triangle COB}<S<6S_{\triangle AOB}+12S_{\triangle AOC}+12S_{\triangle COB}-12S_{\triangle AOB}$$

$$6S_{\triangle AOC}+6S_{\triangle COB}<S<12S_{\triangle AOC}+12S_{\triangle COB}-6S_{\triangle AOB}$$

其中 $6S_{\triangle AOC}+6S_{\triangle COB}$ 就是内接正十二边形的面积 S_{12}，$12S_{\triangle AOC}$ 和 $12S_{\triangle COB}$ 也都表示正十二边形的面积 S_{12}，$6S_{\triangle AOB}$ 表示正六边形的面积，所以上述不等式也可写为

$$S_{12}<S<2S_{12}-S_6$$

这个不等式告诉我们圆的面积一定大于其内接正十二边形的面积，同时一定小于其内接正十二边形面积的 2 倍再减去其内接正六边形的面积。推而广之，将不等式中的 6 替换成变量 n，将 12 替换成变量 $2n$ 可得

$$S_{2n}<S<2S_{2n}-S_n$$

这就是著名的"刘徽不等式"。这个不等式表明"一个圆的面积一定大于其

内接正 $2n$ 边形的面积，同时小于其内接正 $2n$ 边形面积的 2 倍再减去其内接正 n 边形的面积"。当 n 逐渐增大，$2S_{2n}-S_n$ 与 S_{2n} 之间的差值也会逐渐缩小，最终都趋于 S。这就是刘徽认为的当圆内接正多边形与圆是合体的极限状态时（n 趋于无穷大，即 $n\to\infty$），"则表无余径。表无余径，则幂不外出矣。"也就是说，当 n 无限大时余径 CG 就会消失，2 倍差幂 $S_{矩形EABF}$ 也就不存在了。因此，圆面积的上界序列 $2S_{2n}-S_n$ 和下界序列 S_{2n} 的极限都是圆面积 S。

割圆术就是通过不断"割圆"增加 n 的值，求出圆面积的上界序列 $2S_{2n}-S_n$ 和下界序列 S_{2n}，这样就可以精准地确定 S 的范围，也就是 π 的取值范围。

那么如何计算圆内接正多边形的面积呢？这里需要用到一些平面几何的知识，推导起来有些复杂。为了知识的完整性本书将其列出，有兴趣的读者可以参考学习。

如图 4-18 所示，已知该圆的半径为 1，即 $OA=OB=1$；设正六边形的一条边 AB 的长度为 x_n，点 G 为弦 AB 的中点，弦心距 OG 的长度为 h_n，C 为弧 AB 的中点，连接 AC、BC 和 CO。AC、BC 即为该圆的内接正十二边形的两条边，设其长度为 x_{2n}，而 CO 为该圆的另一条半径，且 $OC=1$。

根据勾股定理可得

$$h_n=\sqrt{1-\left(\frac{x_n}{2}\right)^2}\ ,\ x_{2n}=\sqrt{\left(\frac{x_n}{2}\right)^2+(1-h_n)^2}\ ,\ n\geqslant 6$$

这样就可以得到半径为 1 的圆内接正 n 边形边长 x_n 和该圆内接正 $2n$ 边形的边长 x_{2n} 之间的递推关系。

$$x_{2n}=\sqrt{2-\sqrt{4-x_n^{\,2}}}\ ,\ n\geqslant 6$$

这个公式一般也称为"倍边公式"，它描述了半径为 1 的圆中内接正 n 边形和内接正 $2n$ 边形边长的关系。

我们再来看正 n 边形边长和面积的关系，如图 4-19 所示。

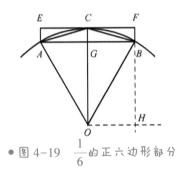

● 图 4-19　$\frac{1}{6}$ 的正六边形部分

第一章

第二章

第三章

第四章

第五章

第六章

在图 4-18 的基础上过线段 FB 作延长线，再过圆心 O 作 FB 延长线的垂线，并与 FB 的延长线相交于点 H 得到图 4-19。

很显然 $S_{\triangle OGB}=S_{\triangle BOH}$，$S_{\triangle BGC}=S_{\triangle CFB}$，所以

$$S_{\triangle COB}=\frac{1}{2}S_{\text{矩形 }COHF}=\frac{1}{2}OH\cdot OC$$

因此

$$\frac{1}{2n}S_{2n}=\frac{1}{2}\times\frac{1}{2}x_n$$

其中 S_{2n} 为正 $2n$ 边形的面积，$\frac{1}{2n}S_{2n}$ 就是 $S_{\triangle COB}$，x_n 为正 n 边形的边长，即 AB 的长度，$\frac{1}{2}\times\frac{1}{2}x_n$ 则表示 $\frac{1}{2}S_{\text{矩形 }COHF}$。这样就得到了正 $2n$ 边形面积与正 n 边形的边长的关系：

$$S_{2n}=\frac{n}{2}x_n$$

对于半径为 1 的圆，其内接正六边形的边长 x_6 等于其半径 1，以此为起点就可以迭代地计算出正十二边形、正二十四边形、正四十八边形……的面积，这样就可以计算出 S 的上下界序列，见表 4-2。

表 4-2 半径为 1 的圆的上下界序列

正 n 边形	边　　长	面积（下界）	$2S_{2n}-S_n$（上界）
正六边形	1	$\frac{3}{2}\sqrt{3}\approx2.598076$	$2\times3-2.598076$ $=3.401924$
正十二边形	$\sqrt{2-\sqrt{3}}\approx0.517638$	3	$2\times3.105828-3$ $=3.211656$
正二十四边形	$\sqrt{2-\sqrt{4-0.517638^2}}$ ≈0.261052	6×0.517638 $=3.105828$	$2\times3.132624-3.105828$ $=3.159420$
正四十八边形	$\sqrt{2-\sqrt{4-0.261052^2}}$ ≈0.130806	12×0.261052 $=3.132624$	$2\times3.1392-3.1332$ $=3.1452$
正九十六边形	$\sqrt{2-\sqrt{4-0.130806^2}}$ ≈0.065438	24×0.130806 $=3.139244$	$2\times3.141024-3.139244$ $=3.142804$

从表 4-2 中不难看出，随着 n 的值不断增大，下界序列与上界序列的差值越来越小，而且越来越趋近于 π 的精确值。用图像 4-20 表示这个趋势则更加明显。

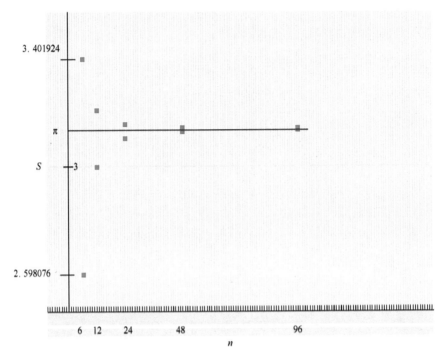

● 图 4-20　随着 n 的增加上下界趋近于 π

　　刘徽就是按照这种方法把圆内接正多边形的面积一直算到了正 3072 边形，并由此求得了圆周率为 3.1415 和 3.1416 这两个近似数值。这个结果是当时世界上圆周率计算最精确的数据。

4.16　婆什伽罗的数学题

　　婆什迦罗是 12 世纪印度著名的数学家。他曾出过这样一道数学题：某人对他的朋友说："如果你给我 100 枚铜币，我的财富将是你的财富的 2 倍。"这个人的朋友回答说："你只要给我 10 枚铜币，我的财富将是你的财富的 6 倍。"请问两人各有多少铜币？

难度：★

这是一道非常简单的数学题，相信大家可以很快找到答案。

可以用方程的方法求解。假设某人 A 有 x 枚铜币，他的朋友 B 有 y 枚铜币，则根据题目已知条件，可列出如下方程组：

$$\begin{cases} x+100=2(y-100) \\ 6(x-10)=y+10 \end{cases}$$

很容易求得该方程组的解

$$\begin{cases} x=40 \\ y=170 \end{cases}$$

也就是说 A 有 40 枚铜币，他的朋友 B 有 170 枚铜币。

婆什迦罗给出了一个更为巧妙的算法求解此题。首先假设 A 有 $(2x-100)$ 枚铜币，假设 A 的朋友 B 有 $(x+100)$ 枚铜币。这样当朋友 B 给 A 100 枚铜币后，A 就有了 $2x$ 枚铜币，而他的朋友 B 则只剩下 x 枚铜币，此时 A 的铜币数 $2x$ 就是他朋友 B 的铜币数 x 的 2 倍了。

然后再将这两个假设代入第二个已知条件，则有 $x+100+10=6(2x-100-10)$，即可求得 $x=70$。因此 A 共有 $2 \times 70-100=40$ 枚铜币，而他的朋友 B 共有 $70+100=170$ 枚铜币。这个答案与上面通过方程组求出的结果是一致的。

4.17 涡卡诺夫斯基的船长问题

有人问船长，在他领导下的有多少人，船长回答说："$\frac{2}{5}$ 去站岗，$\frac{2}{7}$ 在工作，$\frac{1}{4}$ 在病院，27 人在船上。"问在他领导下共有多少人？

难度：★

本题最简单直观的解法是使用方程求解。设船长领导了 x 人，则有

$$\frac{2}{5}x + \frac{2}{7}x + \frac{1}{4}x + 27 = x$$

可解得

$$x = 420$$

其实本题使用算术方法求解同样很方便。

已知 2/5 去站岗, 2/7 在工作, 1/4 在病院, 所以余下的 27 人占总人数的 $1 - \frac{2}{5} - \frac{2}{7} - \frac{1}{4} = \frac{9}{140}$。再用 27 除以对应的分率就是全部的人数。

$$27 \div \frac{9}{140} = 420(人)$$

4.18 丢番图的墓志铭

丢番图是古希腊著名的数学家, 他是亚历山大后期数学界的代表人物, 对代数学的发展做出了重要贡献, 被誉为是代数学的鼻祖。

丢番图一生坎坷, 关于他的生平事迹记载很少, 现存唯一的记载出自《希腊诗文集》, 里面记载了由麦特罗尔为丢番图撰写的 "墓志铭"。"墓志铭" 是用诗歌形式写成的, 内容大意如下:

过路的人!

这里埋葬着丢番图。

请计算下列数目,

便可知他一生经过了多少寒暑。

他一生的六分之一是幸福的童年,

十二分之一是无忧无虑的少年。

再过去七分之一的年程,

他建立了幸福的家庭。

五年后儿子出生,

不料儿子竟先其父四年而终,

只活到父亲岁数的一半。

晚年丧子的老人真可怜,

悲痛之中度过了风烛残年。

请你算一算，丢番图活到多大，

才和死神见面？

你能通过这段"墓志铭"计算出丢番图活了多大年纪吗？

难度：★★

丢番图的墓志铭是麦特罗尔为了纪念丢番图而为他撰写的，同时也是一道有趣的数学问题．解决这个问题最简单的方法是使用方程，假设丢番图一生活了 x 岁，根据墓志铭中的描述可得到以下方程式：

$$\frac{1}{6}x+\frac{1}{12}x+\frac{1}{7}x+5+\frac{1}{2}x+4=x$$

在这个方程中 $\frac{1}{6}x$ 是丢番图的童年时光，$\frac{1}{12}x$ 是丢番图的少年时光，$\frac{1}{7}x$ 年后丢番图结婚，5 年后生子，$\frac{1}{2}x$ 年后儿子英年早逝，又过了 4 年丢番图去世。如果用一个数轴来描述丢番图的一生经历，他人生的每一个阶段如图 4-21 所示。

● 图 4-21　丢番图坎坷的一生

很容易求出 $x=84$，即丢番图活了 84 岁。

其实本题使用算术法求解也很方便。从图 4-21 中不难看出，丢番图从结婚到儿子出生之间的 5 年时间再加上他人生的最后 4 年总共占据了他一生的 $1-\frac{1}{6}-\frac{1}{12}-\frac{1}{7}-\frac{1}{2}=\frac{9}{84}$，所以丢番图共活了 $9\div\frac{9}{84}=84$ 岁。

知识延拓——代数学之父：丢番图

丢番图（见图 4-22）是古希腊亚历山大后期的著名的数学家。他对代数学的发展起了极其重要的作用，被后世公认为是代数学的创始人之一。

"代数学之父" 丢番图 (Diophantus) 画像

丢番图著作《算术》

● 图 4-22 丢番图及其著作《算术》

　　众所周知，古希腊数学一直被毕达哥拉斯学派占据着统治地位。毕达哥拉斯学派十分推崇几何，认为数学应以几何学为中心，只有经过几何论证的命题才是可靠的。一切代数问题，甚至是求解方程问题，也都被人为地纳入了几何的模式之中。直到丢番图的出现，才把代数从几何的羁绊中解放出来，所以丢番图又被后人尊称为"代数学之父"。

　　说到丢番图对代数学的影响就不得不提到他一生中最重要的著作——《算术》一书（见图 4-22）。该书是一部具有划时代意义的著作，甚至可与欧几里得的《几何原本》比肩高下。全书共分 13 卷，里面详细讨论了一次方程、二次方程以及个别三次方程的解法，同时还对不定方程进行了深入的研究。据说"费马大定理"的提出都是从这本书中得来的灵感。丢番图的《算术》一书开创了代数学的先河，对代数学的发展具有深远影响，在数学史上也具有非常重要的地位。

4.19 牛吃草问题

　　著名的英国数学家牛顿曾给他的学生编过这样一道有趣的数学题：牧场上有一片青草，每天都生长得一样快，这片青草可供给 10 头牛吃 22 天；或者供给 16 头牛吃 10 天。如果供给 25 头牛吃可吃多少天？因为是牛顿提出的问题，所以这个问题也被称作"牛顿问题"。你能解答这个问题吗？

难度：★ ★ ★

> 本题的难点在于牧场上的青草每天都在以相同的速度生长，所以青草的消耗不仅要考虑牛的因素，还要考虑青草自身生长的因素。但不管怎样有一个值是固定不变的，这就是最初牧场中青草的数量。虽然一边是牛在吃草的过程中消耗着牧场中青草的数量，一边是青草自身又在不停地生长，但是最初牧场中的青草数是固定不变的，只要抓住这一点，本题就不难求解。

不妨假设一头牛每天吃掉的青草量为 x，同时牧场中每天生长的青草量为 y。这样 10 头牛 22 天吃掉的青草量为 $220x$，22 天生长的青草量为 $22y$；同理 16 头牛 10 天吃掉的青草量为 $160x$，同时 10 天生长的青草量为 $10y$，另外假设 25 头牛需要 N 天就可以吃光所有青草，于是可列出下列等式：

$$220x-22y=160x-10y=25Nx-Ny$$

在这个等式中，$220x-22y$ 表示 10 头牛 22 天吃掉的青草量减去 22 天内生长出的青草量，这个差值就是最初牧场中的青草量。这一点并不难理解，如图 4-23 所示。

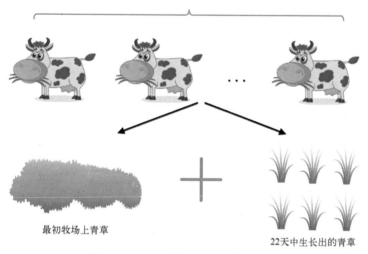

● 图 4-23　10 头牛 22 天吃掉的青草数

因为 10 头牛 22 天吃光了全部的青草，而这些青草包括：①最初牧场中的青草量；②22 天内生长出的青草量。所以用牛吃掉的青草量减去 22 天内生长出的青草量就是最初牧场中的青草量。

同理 $160x-10y$ 表示 16 头牛 10 天吃掉的青草量减去 10 天内生长出的青草量，这个差值也是最初牧场中的青草量。$25Nx-Ny$ 则表示 25 头牛 N 天吃掉的青草量减去 N 天内生长出的青草量，这个差值同样是最初牧场中的青草量。

因为 $220x-22y=160x-10y$，所以有 $60x=12y$，即 $5x=y$，再代入等式 $160x-10y=25Nx-Ny$ 中即可求出 N 的值。

$$160x-50x=25Nx-5Nx$$
$$110x=20Nx$$
$$N=5.5$$

因此，25 头牛需要 5.5 天可将全部的草吃光。

其实本题也可以采用算术的方法来求解。不妨假设每头牛每天的吃草量为 1，这样 10 头牛 22 天吃掉的总草量为 $22\times10=220$；16 头牛 10 天吃掉的总草量为 $16\times10=160$。将这两个值做差得到 $220-160=60$，这个值就是 12（$22-10=12$）天生长出来的青草数量。图 4-24 可以帮助大家理解。

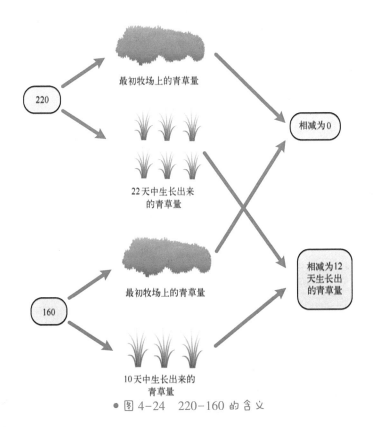

最初牧场上的青草量

220

22 天中生长出来的青草量

相减为 0

最初牧场上的青草量

160

10 天中生长出来的青草量

相减为 12 天生长出的青草量

● 图 4-24　220-160 的含义

如图 4-24 所示，220 中包含了牧场中最初的青草量和 22 天中生长出的青草量，160 中包含了牧场中最初的青草量和 10 天中生长出的青草量，将两者做差就得到了 12 天生长出的青草量。

所以这个牧场每天生长的青草数量为 60/12＝5，而牧场中最初的青草数量为 220-（5×22）＝160-（5×10）＝110。

如果是 25 头牛来吃牧场中的青草，按照之前的假设，每天可被牛吃掉的青草量为 25，而每天新生长出来的青草量为 5，所以每天实际减少的青草量为 25-5＝20。因此 25 头牛吃完全部青草需要花掉的时间为 110/20＝5.5 天。

4.20 苏步青先生的数学题

我国著名数学家苏步青教授去法国做学术访问时，一位陪同他的数学家在电车里给苏步青教授出了一道有趣的题目。

甲、乙二人相对而行，他们相距 10 千米，甲每小时走 3 千米，乙每小时走 2 千米。甲带着一条狗，狗每小时跑 5 千米。狗同甲一起出发，并且跑在甲的前面，当狗碰到乙的时候就转身向甲跑去，碰到甲的时候又转身向乙跑去，如此来回往返跑。请问当甲、乙二人相遇时，这条狗一共跑了多少千米？

难度：★★

有些读者可能想试图弄清小狗的奔跑轨迹，再去计算小狗跑过的距离，但这是一个思维误区。因为小狗是在甲、乙二人之间跑来跑去，而甲、乙之间的距离是不断缩小的，所以要计算出小狗来回跑动的次数以及每次跑动的距离并不是一件容易的事情。

其实本题并没有那么复杂。题目中已知小狗奔跑的速度是 5 千米/小时，要计算小狗跑了多少千米只需要知道小狗总共跑动的时间即可。而小狗跑动的时间就是甲、乙二人从出发到相遇的时间，能想到这一点本题就可迎刃而解。

已知甲每小时走 3 千米，乙每小时走 2 千米，而甲、乙二人最初相距 10 千米，所以甲、乙二人相遇时走过的时间为 10÷5＝2（小时），因此当甲、乙二人相遇时小狗跑了 2×5＝10（千米）。

19世纪法国数学家柳卡在一次国际数学会议上提出一道有趣的题目。题目内容是：某轮船公司每天中午都有一艘轮船从哈佛开往纽约，并且每天的同一时刻该公司也有一艘轮船从纽约开往哈佛。轮船在途中所花的时间来去都是七昼夜，而且都是匀速航行在同一条航线上。问今天中午从哈佛开出的轮船，在开往纽约的航行过程中，将会遇到几艘同一公司的轮船从对面开来？

难度：★★★

> 柳卡的轮船趣题是一道相对复杂的相遇类问题。本题有多种解法，这里介绍两种经典的解法——算术法和柳卡图法。

算术法

因为该公司的每艘轮船行驶的速度都一样，行驶完全程都要花费七昼夜的时间，所以可以假设每艘轮船行驶的速度都是 x 海里/昼夜。因为从纽约开往哈佛的轮船是每天中午准时出发一艘，所以行驶中的每艘轮船之间相隔了一昼夜的里程，也就是 x 海里。如图 4-25 所示。

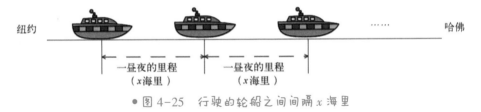

● 图 4-25　行驶的轮船之间间隔 x 海里

这样当一艘轮船与迎面开来的另一艘轮船相遇后，再与下一艘轮船相遇的时间应为 $x/(x+x)$，也就是 0.5 天。这是因为两船之间的距离是 x 海里，而两船相向而行各自的速度又都是 x，所以相遇的时间自然是 $x/(x+x)$。如图 4-26 所示。

现在一艘轮船中午从哈佛驶向纽约，此时也一定有一艘从纽约驶向哈佛的轮船到达了哈佛，这是显而易见的，因为 7 天前的同一时间这艘轮船从纽约启程驶向哈佛，而经历了整整七个昼夜便可到达哈佛，所以到达哈佛的时间一定也是中

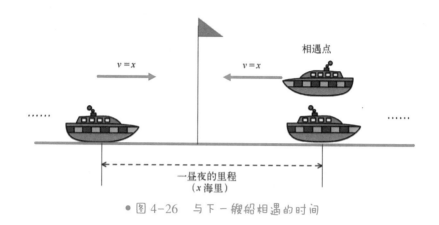

相遇点

$v = x$ $v = x$

······   ······

一昼夜的里程
(x 海里)

● 图 4-26 与下一艘船相遇的时间

午，且与刚刚从哈佛出发的轮船相遇。

接下来按照上面所说的规律，从哈佛出发的这艘轮船将会每隔 0.5 天与从纽约相向而行的轮船相遇一次。经过七个昼夜到达纽约时将会遇到 7/0.5 = 14 艘轮船。再加上出发时遇到这艘轮船，从哈佛开往纽约的轮船总共会遇到 15 艘迎面开来的轮船。

柳卡图法

其实本题还有一个更加巧妙的解决方法，就是使用柳卡图来求解。如果我们用横轴来表示轮船行驶的时间，纵轴表示轮船行驶的距离，两横轴之间的斜线表示随着时间的流逝轮船行驶的距离变化，则可以画出下面这个图。

图 4-27 称为柳卡图。在柳卡图中，上面一条横轴表示纽约的时间，下面一条横轴表示哈佛的时间，两横轴之间的距离表示从纽约到哈佛的里程。图中点 A~O 表示从纽约出发的轮船每天中午出发的时间，点 A'~O' 则表示这些轮船到达哈佛的时间，它们之间的连线表示每艘轮船随时间流逝行驶距离的变化。点 P 表示一艘从哈佛驶向纽约的轮船出发的时间，因为在该船出发前的七天内每天都有轮船从纽约出发，所以该船出发的时间点也恰好是七天前从纽约出发的轮船到达哈佛的时间点（与 A' 点重合）。P' 则表示这艘轮船到达纽约的时间，此时一艘轮

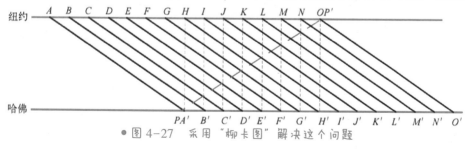

纽约 | A B C D E F G H I J K L M N $O$$P'$

哈佛 | $P$$A'$ B' C' D' E' F' G' H' I' J' K' L' M' N' O'

● 图 4-27 采用"柳卡图"解决这个问题

157

船刚好从纽约出发驶向哈佛（与 O 点重合）。PP' 之间的连线表示该船七天内行驶距离的变化。

如果把 PP' 这条线段放在一个直角坐标系中可能会更容易理解柳卡图的含义。如图 4-28 所示，柳卡图中的斜线 PP' 就相当于该坐标系中函数 $s=f(t)$ 的图像，它反映的是轮船行驶距离 s 随时间 t 变化而变化的函数关系。PP' 上的任意一点 (t_1, s_1) 都表示该轮船行驶了 t_1 时间所走过的里程为 s_1。因此不难理解，柳卡图中斜线的交点就表示两船相遇的点，每个点对应的横坐标表示相遇的时间，纵坐标表示相遇时轮船走过的里程。如图 4-29 所示，设 PP' 与 GG' 相交于点 q，则点 q 表示两轮船在此相遇，相遇时从哈佛驶向纽约的轮船行驶了 t_1 的时间，走过了 S_1 的路程；从纽约驶向哈佛的轮船行驶了 t_2 的时间，走过了 S_2 的路程，S_1+S_2 就是从哈佛到纽约的总里程。

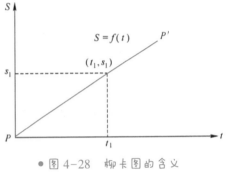

● 图 4-28　柳卡图的含义

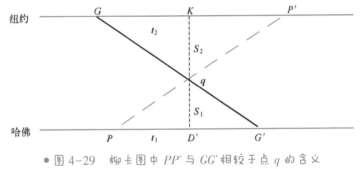

● 图 4-29　柳卡图中 PP' 与 GG' 相较于点 q 的含义

数一数柳卡图中共有 15 个交点，所以这艘轮船在开往纽约的行程中共遇到 15 艘船。

知识延拓——柳卡图的应用

柳卡图也称折线图，它是以 19 世纪法国著名数学家柳卡的名字而命名的。柳卡图可以清晰地体现运动过程中的"相遇次数""相遇地点""相遇时间"等诸多要素，因此可以快速方便地解决复杂的行程问题。上面的"柳卡轮船趣题"就是一道使用柳卡图解决的经典问题。下面我们再来看一道能够使用柳卡图轻松解决的复杂行程问题。

甲、乙两人在一条长为 30 米的直路上来回跑步，甲的速度是 1 米/秒，乙的速度是 0.6 米/秒。如果他们同时分别从直路的两端出发，当他们跑了 10 分钟后，共相遇几次？

因为甲的速度是 1 米/秒，所以从路的一端跑到另一端需要 30 秒的时间；乙的速度是 0.6 米/秒，所以从路的一端跑到另一端需要 50 秒的时间。因此甲从路的一端跑到另一端连续跑 5 次的时间跟乙从路的一端跑到另一端连续跑 3 次的时间是相等的。我们只需要画出这部分的柳卡图即可，余下的部分只是这部分的重复而已，相交点的个数是一样的，所以没必要画出，如图 4-30 所示。

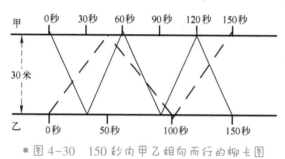
●图 4-30　150 秒内甲乙相向而行的柳卡图

如图 4-30 所示，在 150 秒内甲、乙共相遇 5 次，所以 10 分钟内甲、乙可相遇 4×5=20 次。

4.22　金字塔高度之谜

在 蜿蜒的尼罗河畔，散落着数十座古埃及法老的陵寝，它们长久以来沉睡在这里，凝视着这片古老土地的世事沧桑，这便是被称作世界七大奇迹之一的埃及金字塔。

●胡夫金字塔

●狮身人面相

第一章
第二章
第三章
第四章
第五章
第六章

金字塔外观呈"金"字形状，底部是正方形，塔身的四面是倾斜着的等腰三角形。一直以来人们对金字塔究竟有多高很好奇。相传埃及有位国王为了弄清金字塔的高度，请来一位名叫法列士的学者测量金字塔的高度。法列士选择在晴朗的一天组织测量队人员来到金字塔前，太阳光给每一位测量队人员和金字塔都投下了长长的影子。当法列士测出自己的影子等于他自己的身高时，便立即让测量队的人员前去按照自己的方法测量金字塔，结果法列士成功测出了金字塔的高度。你知道法列士是怎样测出金字塔高度的吗？

难度：★★

> 测量建筑物高度的方法很多，其中有一种最为简单易行，且准确度较高的方法，那就是利用建筑物的投影估测建筑物的高度。众所周知，光是沿直线传播的，光照射到建筑物上会产生投影，而投影的长度与建筑物的高度之间会存在比例关系，这个比例关系与光线照射的角度有关，我们可根据这个比例关系通过测量投影的长度推算出建筑物的高度来。

以本题为例，法列士在测量金字塔的高度时就是利用了光线的投影，如图 4-31 所示。

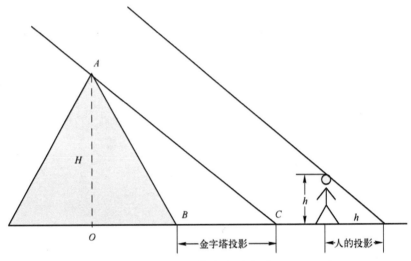

● 图 4-31　法列士测量金字塔高度的方法示意

如图 4-31 所示，假设金字塔从塔顶 A 到底部中心 O 的垂直距离为 H，法列士的高度为 h。当法列士的影子长度等于他自己的身高 h 时，说明此时太阳光与地面的夹角恰好成 45°，所以 $\angle ACO$ 自然也等于 45°。因此 $\triangle AOC$ 是一个等腰直角三角形，则 $AO=OC$。所以只要测量出 OC 的长度就可以得到 OA 的长度，也就是金字塔的高度 H。

　　OC 的长度等于金字塔投影的长度 BC 加上 OB 的长度。BC 的长度可直接测量出来，而 OB 的长度要怎样得到呢？因为金字塔的底部是正方形，塔身的四面是倾斜着的等腰三角形，所以 OB 的长度其实就是金字塔底座边长的一半，这个长度也是很容易测量出来的。

　　综上所述，法列士就是通过这个方法计算出了金字塔的高度。

　　细心的读者可能会发现，其实法列士完全没有必要等到自己影子的长度等于自己身高的时候再去测量金字塔的投影长度。理论上只要太阳可以在地面上投射出清晰的影子，就可以通过投影长度和建筑物高度的比例关系计算出建筑物的高度，这里需要用到相似三角形的知识。

　　如图 4-32 所示，该图为计算建筑物高度的几何示意图，图中线段 AB 表示建筑物的高度，AE 表示光线，BE 表示光线照射在建筑物上形成的投影，CD 表示人的高度，DE 表示光线照在人身上形成的投影。这里将光线、建筑物和建筑物投影之间形成的三角形与光线、人和人投影之间形成的三角形叠加到一起，为的是体现两个三角形之间的相似关系，在实际操作中，投影 BE 和投影 DE 可在同一时间分别测量。

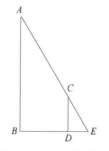

● 图 4-32　计算建筑物高度的几何示意图

　　由于同一时间阳光照射地面的角度是一定的，同时建筑物和人都是保持与地面垂直的，即 $\angle ABE = \angle CDE = 90°$，因此根据平面几何的知识可知 $\triangle ABE$ 与 $\triangle CDE$ 相似，即 $\triangle ABE \backsim \triangle CDE$，所以就有了如下的比例关系：

$$\frac{CD}{AB}=\frac{DE}{BE}=\frac{CE}{AE}$$

我们现在要计算的是建筑物的高度 AB，因此我们只需测量出 BE，DE，CD 的长度就可以轻松地计算出 AB 的长度了。BE 是建筑物投影的长度，DE 是人投影的长度，CD 是人的高度，显然这三个值都比较容易测量出来。所以法列士并不需要等到自己影子的长度（DE 的长度）等于自己身高（CD 的长度）时再去测量，而是只要太阳可以在地面上投射出清晰的影子即可测量。

4.23 哥尼斯堡的七桥问题

18 世纪初,普鲁士的哥尼斯堡有一条贯穿全城的普雷格尔河,河上有两个小岛,有七座桥把岛与河岸以及两个岛之间连接起来,如图 4-33 所示。有个人提出一个问题:一个步行者怎样才能不重复、不遗漏地一次走完七座桥,最后回到出发点。这个问题一直困扰着当地的居民,在相当长的时间里都未能得到解决。后来数学家莱昂哈德·欧拉对这个七桥问题进行了研究,最终给出了答案。你知道七桥问题最终的结论是什么吗?欧拉是怎样解决这个问题的?

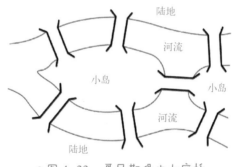

● 图 4-33 哥尼斯堡的七座桥

难度: ★ ★ ★

七桥问题是一道有趣的图论问题,该问题是 1735 年由几名大学生写信向当时正在俄罗斯圣彼得斯堡科学院任职的数学家欧拉提出的,并由欧拉于 1736 年圆满地解决。欧拉用了十分巧妙的方法解决七桥问题,我们来看一下欧拉是怎样思考这个问题的。

为了将问题抽象化,欧拉用点表示图 4-33 中的陆地和小岛,用线段表示连接陆地和小岛之间的桥,于是图 4-33 就可以简化成为图 4-34。

七桥问题实际上就是研究能否从图 4-34b 中的某一点出发走遍图中的每一条边后再回到起点,同时要求每条边只能走一次,不能重复往返。

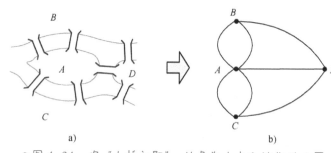

● 图4-34 将"七桥问题"抽象为由点和边构成的图

欧拉认为，如果要从图4-34b中的某顶点出发，不重不漏地走完每一条边，最终再回到该点，则该顶点的"离开线"和"进入线"必须成对出现，如图4-35所示。

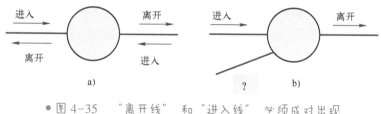

● 图4-35 "离开线"和"进入线"必须成对出现

如果进入该顶点的线段和离开该顶点的线段不成对出现，就像图4-35b中该顶点关联了三条线段，则无法保证从该点出发不重不漏地走完所有边后又回到该点。所以可以得到这样的结论：如果要从图中某顶点出发，不重不漏地走完图中每一条线段，最终再回到该顶点，则该顶点关联的线段必须是偶数条，不能是奇数条。

回过头来再来看图4-34b中的A、B、C、D四个顶点。因为每个顶点关联的线段条数都是奇数，所以无论从哪个顶点出发，都不能不重不漏地走完每一条边后再回到该顶点，因此"七桥问题"也是无解的，也就是说人们不可能不重复、不遗漏地一次走完七座桥，最后回到出发点。

欧拉在交给彼得堡科学院的《哥尼斯堡七座桥》的论文报告中详细阐述了他的解题方法。欧拉解决的七桥问题开创了数学领域的一个新分支——图论，同时也为拓扑学的建立奠定了基础。

以上只是欧拉解决七桥问题的基本思想，并非完整证明，要完整地证明这个问题需要引入一些图论的术语以及背景知识，有兴趣的读者可以参考《图论》或者《离散数学》等书籍学习。

知识延拓——数学天才欧拉与一笔画问题

欧拉对七桥问题进行了深入的分析和研究。他不仅圆满地回答了哥尼斯堡居民提出的问题，而且得到并证明了更为广泛的有关"一笔画问题"的三条结论，学术界称之为欧拉定理。

所谓一笔画问题就是研究给定的一个由顶点和边构成的几何图形能否从某个顶点出发一笔画出（这里要求不重不漏地画出图中的每条边）。在此基础上，如果起点和终点是同一个点，则这样的图又叫作欧拉图。七桥问题本质上就是判断是否能够用一笔不重复地画出图4-34b，同时起点和终点是同一个点的问题，也就是判断图4-34b是否是一个欧拉图的问题。

欧拉关于一笔画问题的三条结论可总结如下：

1）凡是由偶点组成的连通图，一定可以一笔画成。画时可以把任一偶点作为起点，最后一定能以这个点为终点画完此图。

2）凡是只有两个奇点的连通图（其余都为偶点），一定可以一笔画成。画时必须把一个奇点为起点，另一个奇点为终点。

3）其他情况的图都不能一笔画出（奇点数除以二便可算出此图需几笔画成）。

下面通过几个例子来理解这三条结论。

■ 问题1：奥运五环图能否一笔画出？

如图4-36所示，因为五个圆环分别相交于A、B、C、D、E、F、G、H共8个点，而这8个点又都是偶点，所以根据一笔画问题的第一条结论，它可以一笔画出，且起点和终点重合。奥运五环图的一笔画法如图4-37所示。

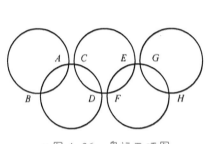

● 图4-36　奥运五环图

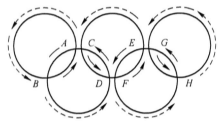

起点 A→B→A→B→D→C→D→F→E→F

H→G→H→G→E→C→A 终点

● 图4-37　奥运五环图的一笔画法

■ 问题2：图4-38能否一笔画出？

图4-38中点A和点D是奇点，其他点为偶点，所以按照一笔画问题的第二条结论，它可以一笔画出，但要以一个奇点为起点，一个奇点为终点，画法如图4-39所示。

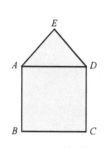

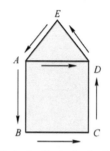

起点 $A \to D \to E \to A \to B \to C \to D$ 终点

● 图 4-38　可一笔画出的图形　　　● 图 4-39　图 4-37 的一笔画法

　　讲到这里，就不得不提到这位天才的数学家欧拉了。欧拉(见图 4-40)于 1707 年出生在瑞士的巴塞尔城，从小就表现出过人的禀赋，13 岁就进入巴塞尔大学读书，得到当时非常有名的数学家约翰·伯努利的精心指导。欧拉一生成果丰硕，是世界数学史上最为高产的一位数学家。虽然他 28 岁时就因眼疾终身失明，但是凭借着超强的毅力和非凡的心算能力，他在数学、天文学、物理学等诸多领域都取得了举世瞩目的成就。欧拉一生著作等身，其中分析、代数、数论占 40%，几何占 18%，物理和力学占 28%，天文学占 11%，弹道学、航海学、建筑学等占 3%。欧拉的著作为数学及科学的发展做出了巨大的贡献。数学家高斯曾评价欧拉说："研究欧拉的著作永远是了解数学的最好方法。"为了纪念这位伟大而杰出的数学家，瑞士曾将欧拉的肖像印刷在瑞士法郎纸币上。

莱昂哈德·欧拉 (Leonhard Euler) 画像

印有欧拉肖像的瑞士法郎

● 图 4-40　数学家欧拉及瑞士法郎

第五章

计算机是怎样思考的

——有趣的算法谜题

第一章

第二章

第三章

第四章

第五章

第六章

当今时代信息技术蓬勃发展，计算机已成为人们处理日常事务的重要工具。但是计算机是怎样帮助人们解决实际问题的呢？在计算机科学中，研究如何使用计算机程序解决实际问题的分支学科叫作算法（Algorithm）。可以这样讲，在编写任何一个计算机程序时（无论使用什么编程语言），都不可避免地要进行算法设计，因此算法在程序设计中具有十分重要的地位，它是程序设计的灵魂。本章我们就来学习一下如何使用计算机程序解决一些经典而有趣的数学问题。

5.1 数字游戏

老师给同学们出了这样一道有趣的填数字游戏题，如图 5-1 所示。

算式中的五个几何图形——正方形■、三角形▲、星形★、圆形●、菱形◆，它们分别代表 0~9 中五个不同的数字，要使这个乘法算式成立，这五个图形分别代表什么数字？

聪明的迈克是个编程爱好者，他略加思索后打开手提电脑编写了一段简洁的程序，然后运行，答案真的出现在屏幕上！其他同学还在茫然不知所措的时候迈克已经把正确答案计算出来。你知道迈克是怎样解决这个问题的吗？

● 图 5-1 填数字游戏题

难度：★★

> 如何使用"计算机的思维"来解决这个填数字游戏呢？计算机不像人脑那样可以跳跃思维、任意联想，可以脑洞大开、灵感喷涌。要使用计算机程序解决实际问题，首先要设计出合理的算法，这个算法应该是一组运算次数有限的，按照某种特定的步骤执行的机械的指令，这样计算机才能按照指令的要求有条不紊地执行，最终找到问题的答案。

回到本题，我们可以这样来设计解决填数字游戏的算法：由于五个几何图形分别代表 0~9 中五个不同的数字，所以我们可以逐一枚举出每一种不同可能的组合，看一看该组合是否满足这个乘法算式，如果满足就得到了本题的答案；如果不满足就继续计算下一种组合，直到全部的组合都尝试过一遍为止。一种极端的情况是所有的组合都试过了但还没有找到答案，那就说明这个题目在给定的范围内是无解的。

为了更加形象地展示这个算法，下面举例来说明。

假设有一种可能的组合，如图 5-2 所示。

● 图 5-2　一种组合情况

■代表 1、▲代表 2、★代表 3、●代表 4、◆代表 5，我们来计算一下这种组合是否满足上述乘法算式呢？很显然 1234×5 并不等于 4321，所以这个组合不是本题的答案。于是我们需要尝试计算下一种组合。

假设下一种组合为图 5-3 所示的情形。

● 图 5-3　另一种组合情况

■代表 2、▲代表 1、★代表 3、●代表 4、◆代表 5，这种组合是否满足上述乘法算式呢？很显然 2134×5 也不等于 4312，所以该组合也不是本题的答案。

那么问题来了："下一个组合"要怎样找呢？因为计算机必须按照某种规律来穷举每一种组合，而不能像我们这样没有规律地任意猜测，所以必须设计一个算法按照某种规律穷举出每一种组合，然后再进行判断。

仔细想来，本题的实质就是求一个四位数■▲★●和一个一位数◆，要求它们的乘积等于●★▲■所表示的另一个四位数，同时必须满足这五个几何图形所代表的数字互不相等的要求。也就是在四位数的整数集合 [1000, 9999] 和一位数的整数集合 [1, 9] 中找出符合上述条件的四位数■▲★●和一位数◆。所以我们可以设计这样一个算法。

1）从 1000～9999 中顺序得到一个整数，令其为 ■▲★●，若穷举完毕则执行步骤 7）。

2）从 1～9 中顺序得到一个整数，令其为 ◆，若穷举完毕则执行步骤 6）。

3）判断 ■▲★● 所表示的四位数乘以 ◆ 是否等于 ●★▲■ 所表示的四位数，同时判断这 5 个几何图形代表的数字是否互不相等。

4）如果步骤 3）满足，则说明得到一个答案，将其输出，再重复步骤 2）。

5）如果步骤 3）不满足，则说明这个组合不正确，重复步骤 2）。

6）步骤 2）执行完毕，即遍历了 1～9 全部整数，重复执行步骤 1）。

7）步骤 1）执行完毕，即遍历了 1000～9999 全部整数，程序执行完毕。

从上面的算法描述中可以看出，该算法其实描述了一个二重循环过程，内层循环负责遍历集合[1,9]中的每一个整数，外层循环负责遍历集合[1000,9999]中的每一个整数，这样共有 9000×9＝81000 种组合方式，也就是说该算法是从这 81000 个组合中找出本题的答案。因为该算法将四位数空间中的每一个整数和一位数空间中的每一个整数都进行了搭配组合，所以问题的答案不会超出这 81000 种组合的范围。

可能存在这样一种情形：遍历了这 81000 种组合后并没有找到满足 "■▲★●乘以◆等于●★▲■，并且这五个几何图形代表的数字互不相等" 条件的组合，那就说明在这个解空间中本题无解。当然也可能存在另一种可能：遍历了这 81000 种组合后输出的结果不止一个，那就说明在这个解空间中存在多个答案。所以在解决此类问题时，我们应当考虑到以上两种情况，解空间的设置要有限并且完备，既不能假设一定可以得到答案而使程序陷入无限的死循环，也不能因为解空间的不完备而遗漏掉某些解。

下面给出本题的 Java 程序实现。

```java
class Puzzle
{
    public static void main( String [ ]args) {
        int mul_1, mul_2;
        for ( mul_1 = 1000; mul_1<9999; mul_1++) {
            for ( mul_2 = 1; mul_2<= 9; mul_2++) {
                if( mul_1 * mul_2 == reverseNumber( mul_1)
                    && notEqualEachOther( mul_1,mul_2)) {
                    System. out. println( mul_1 + " * "
```

```java
                                                + mul_2 + " =" + mul_1 * mul_2);

                    }

                }

            }

    }

    private static int reverseNumber(int number) {
        int r = 0;
        while(number != 0) {
            r = r * 10   + number % 10;
            number = number / 10;
        }
        return r;
    }


    private static boolean notEqualEachOther(int mul_1, int mul_2) {
            int[] buf = new int[4];
            int i;
            for (i=0; i<4; i++) {
                buf[i] = mul_1 % 10;
                mul_1 = mul_1 / 10;
            }
            if (buf[0] == buf[1]) return false;
            if (buf[0] == buf[2]) return false;
            if (buf[0] == buf[3]) return false;
            if (buf[1] == buf[2]) return false;
            if (buf[1] == buf[3]) return false;
            if (buf[2] == buf[3]) return false;
            if (buf[0] == mul_2) return false;
            if (buf[1] == mul_2) return false;
            if (buf[2] == mul_2) return false;
            if (buf[3] == mul_2) return false;
```

```
            return true；
        }
    }
```

上面这段 Java 代码通过一个二重循环遍历了 9000×9 = 81000 种组合的解空间，并将符合题目要求的结果输出到屏幕上。代码中函数 reverseNumber( ) 的作用是计算一个数的"倒置数"，也就是将一个四位数的每一位数字进行转置，例如 ■▲★● 的倒置数就是 ● ★ ▲ ■。函数 notEqualEachOther(mul_1 , mul_2) 的作用是判断 mul_1 这个四位数以及 mul_2 这个一位数中所包含的五个数字是否互不相等，也就是判断 ■▲★●◆ 这五个几个图形代表的数字是否互不相等。只有同时满足上述两个条件才是本题的答案。上面两段程序的运行结果如下：

2178 ∗ 4 = 8712

附：本题的 Python 程序实现

```python
def reverseNumber( number )：
    r = 0
    while number > 0：
        r = r ∗ 10 + number % 10
        number = number // 10
    return r


def notEqualEachOther( mul_1, mul_2 )：
    buf = list( )
    while mul_1 > 0：
        a = mul_1 % 10
        mul_1 = mul_1 // 10
        buf. append( a)

    if buf[ 0] == buf[ 1]:
        return False
    if buf[ 0] == buf[ 2]:
        return False；
    if buf[ 0] == buf[ 3]:
        return False
    if buf[ 1] == buf[ 2]:
        return False
```

```python
        if buf[1] == buf[3]:
            return False
        if buf[2] == buf[3]:
            return False
        if buf[0] == mul_2:
            return False
        if buf[1] == mul_2:
            return False
        if buf[2] == mul_2:
            return False
        if buf[3] == mul_2:
            return False
    return True


# 使用穷举法找出五个图形代表的数字
for mul_1 in range(1000, 10000):
    for mul_2 in range(1, 10):
        if mul_1 * mul_2 == reverseNumber(mul_1) \
                and notEqualEachOther(mul_1, mul_2):
            print(mul_1, " * ", mul_2, " = ", mul_1 * mul_2)
```

知识延拓——穷举法算法思想

　　在计算机算法中有一种使用最为广泛、算法设计最为简单，同时也最为耗时的算法，这就是穷举法（Exhaustive Method），也称为强力法（Brute-Force Method）。穷举法的基本思想是：在问题的解空间中穷举出每一种可能的解，并对每一种可能的解进行判断，从中找出问题的答案。

　　使用穷举法思想解决实际问题最关键的步骤是划定问题的解空间，并在这个解空间中逐一枚举每一个可能的解。这里有两点需要注意：一是划定的解空间必须保证覆盖问题的全部解，否则这个解空间就是不完备的，如果解空间集合用 H 表示，问题的解集用 h 表示，则只有当 $h \in H$ 时，才能使用 H 作为穷举法的解空间；二是解空间集合以及问题的解集一定是离散集合，或者说集合中的元素必须是可列的、有限的。

　　以上面这个填数字游戏为例，迈克使用的解法就是穷举法。首先这个问题的解空间可以限定为集合[1000,9999]中的全部整数和集合[1,9]中的全部整数所构成的81000种组合，因为无论几何图形■▲★●◆分别代表什么数字，最终的结果一定在这81000种组合之中。其次，这个解空间中的元素个数是有限的

（81000 个组合），并可以一一枚举出来。所以填数字游戏可以使用穷举法来求解，只需要编写一个程序穷举出这 81000 种组合就可以从中筛选出问题的答案。

穷举法是用时间上的牺牲来换取解的全面性的保证。穷举法的优势在于能够确保得到问题全部的解，但是也存在运算效率比较低下的缺点。不过随着计算机性能的不断改善，CPU 运算速度的大幅度提高以及多核技术和并行计算的持续发展，穷举法已不再是最低级和最原始的无奈之举，它将越来越为人们所重视。

5.2 黑客帝国的必杀技——暴力破解

群网络黑客正在破解一个系统的密码。已知要破解的密码中头两位是小写字母，中间三位是数字，后两位还是小写字母。这群网络黑客设计了一个计算机程序，轻松地破解了系统的密码，并潜入系统中窃取了机密文件。你知道这群网络黑客是怎样破解系统密码的吗？你能设计这样一个计算机程序吗？

难度：★★

破解密码是穷举法的一个重要应用领域。只要待破解的密码范围明确，长度有限，理论上任何密码都可以通过穷举法来暴力破解。

以本题为例,因为要破解的密码头两位是小写字母,中间三位是数字,后两位仍是小写字母,这样每个区段的密码范围都是明确的,且总长度也只有7位,所以可以使用穷举法进行破解。

使用穷举法解决实际问题大体上分为两步,第一步是设定问题的解空间,也就是要明确算法能够一一枚举的集合范围;第二步则是遍历这个解空间中的元素,并筛选出问题的答案。下面我们就依照这两个步骤设计一个算法来破解该系统的密码。

第一步——设定问题解空间

已知该系统密码的格式如图5-4所示。

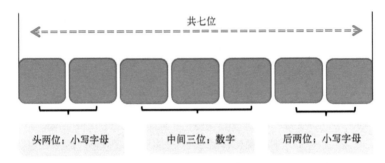

● 图5-4　七位密码的密码规则

❖ 因为该密码的头两位是小写字母,所以每一位都必然属于[a,z]这个包含26个元素的集合,总共有 $26 \times 26 = 676$ 种组合。

❖ 因为密码中间三位是数字,所以每一位都必然属于[0,9]这个包含10个元素的集合,因此共有 $10 \times 10 \times 10 = 1000$ 种组合。

❖ 最后两位还是小写字母,所以共有 $26 \times 26 = 676$ 种组合。

因此本题的解空间大小为 $676 \times 1000 \times 676 = 456976000$,我们要在这456976000个可能的答案中逐一尝试,最终找到那个正确的密码。

第二步——遍历解空间,逐一尝试,找出正确的密码

可以参照"填数字游戏"中的算法设计思想,通过一个多重循环来遍历整个解空间。每得到一种密码组合都要用该密码去尝试登录系统,如果登录成功则说明密码正确;如果登录不成功,则表明得到的这个密码有误,然后继续下一个密码的尝试。

下面给出一个Java语言实现的程序来模拟黑客破解系统密码。

```
classDecipherPswd
{
    private static boolean isCorrectPassWord( char s1,char s2,char s3,
```

```
                         char s4,char s5,char s6,char s7) {
    if (s1 == 'a' && s2 == 'c' && s3 == '1'
        &&  s4 == '6' && s5 == '8' && s6 == 'z' && s7 == 'd') {
        return true;
    }
    return false;
}


public static void main(String[ ] args)
{
    char FIRST_LETTER = 'a'
    char FIRST_NUMBER = '0';
    char s1,s2,s3,s4,s5,s6,s7;
    for (s1=FIRST_LETTER; s1<FIRST_LETTER+26; s1++) {
        for (s2=FIRST_LETTER; s2<FIRST_LETTER+26; s2++) {
            for (s3=FIRST_NUMBER; s3<FIRST_NUMBER+10; s3++) {
                for (s4=FIRST_NUMBER; s4<FIRST_NUMBER+10; s4++) {
                    for (s5=FIRST_NUMBER; s5<FIRST_NUMBER+10; s5++) {
                        for (s6=FIRST_LETTER;s6<FIRST_LETTER+26;s6++) {
                            for (s7=FIRST_LETTER;
                                     s7<FIRST_LETTER+26; s7++) {

    if (isCorrectPassWord(s1,s2,s3,s4,s5,s6,s7)) {
        System. out. println("The cracked password is");
        System. out. println
            (s1+" "+s2+" "+s3+" "+s4+" "+s5+" "+s6+" "+s7);
        return;
                            }
                        }
                    }
                }
            }
        }
    }
}
```

这段程序使用了一个七重 for 循环来实现对解空间的遍历。第一层和第二层 for 循环构成了 $26 \times 26 = 676$ 种组合，将密码的第一位和第二位的小写英文字母组合一一穷举出来；第三层至第五层 for 循环构成了 $10 \times 10 \times 10 = 1000$ 种组合，将密码的第三、四、五位上的数字组合一一穷举出来；第六层和第七层 for 循环依然构成了 $26 \times 26 = 676$ 种组合，将密码最后两位的小写英文字母组合一一穷举出来。整体来看，七层循环总共穷举出 $676 \times 1000 \times 676 = 456976000$ 种密码的组合。

函数 isCorrectPassWord( ) 的作用是判断当前组合出的密码是否是正确密码，如果是正确的密码（函数 isCorrectPassWord( ) 返回值为 true），则程序将这个结果输出，并直接返回（程序提前结束）；如果该组合下的密码不正确（函数 isCorrectPassWord( ) 返回值为 false），则继续进入 for 循环之中，直到最终破解出正确的密码。

在本程序中假设系统正确的密码为 "ac168zd"，即在函数 isCorrectPassWord( ) 中会逐一判断七位密码中的每一位是否等于 'a' 'c' '1' '6' '8' 'z' 'd'。如果每一位都相等，则返回 true，表示密码正确；只要有一位不相等，则表示密码不正确，返回 false。

本程序的运行结果如下：

The cracked password is
ac168zd

看来该程序成功破解了系统的密码！

有的读者可能会有这样的疑问："破解密码如此简单，那我们设置的密码还有什么作用呢?"。首先我们这里的程序只是一个演示程序，目的是为了让大家了解穷举法的算法思想。现实中的密码大都要复杂许多，例如要求大写字母小写字母和数字混排，且没有固定密码格式的要求，而且密码长度一般都会比较长，所以安全性会大幅提高。

假设系统要求设置的密码长度为 10 位，每一位都可以是大写字母、小写字母、数字、星号（*）或井号（#），请问要使用穷举法暴力破解这个密码，它的解空间大小是多少？

因为每一位都可能是数字、字母、星号或井号，所以每一位上可能设置的字符共有 $26+26+10+1+1 = 64$ 种，如图 5-5 所示。

于是这个问题的解空间就变为 $64^{10} \approx 1.15 \times 10^{18}$，这是一个天文数字，假设你的计算机一秒钟可计算 10 亿次，那么要通过穷举法暴力破解出这个密码大约要花上 35 年的时间！

另外在真实的系统中除了需要设置密码之外，一般还需要用户输入登录系统

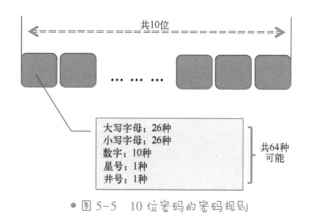

● 图5-5 10位密码的密码规则

的用户名信息，有的系统还会随机生成验证码，或者提供短信验证码服务，所以要成功进入一个系统也并非易事，需要通过重重关卡才能进入，这样就极大限度地保证了系统的安全。

附：本题的 Python 程序实现

```python
def isCorrectPassWord( * psw):
    if psw[0] == ord('a') and \
                psw[1] == ord('c') and \
                psw[2] == ord('1') and \
                psw[3] == ord('6') and \
                psw[4] == ord('8') and \
                psw[5] == ord('z') and \
                psw[6] == ord('d'):
        return True
    return False


FIRST_LETTER = ord('a')
FIRST_NUMBER = ord('0')


def decipher():
    for s1 in range(FIRST_LETTER, FIRST_LETTER+26):
        for s2 in range(FIRST_LETTER, FIRST_LETTER+26):
            for s3 in range(FIRST_NUMBER, FIRST_NUMBER+10):
                for s4 in range(FIRST_NUMBER, FIRST_NUMBER+10):
                    for s5 in range(FIRST_NUMBER, FIRST_NUMBER+10):
```

```
        for s6 in range(FIRST_LETTER, FIRST_LETTER+26):
            for s7 in range(FIRST_LETTER, FIRST_LETTER+26):
                if isCorrectPassWord(s1,s2,s3,s4,s5,s6,s7):
                    print("The cracked password is", \
(chr(s1),chr(s2),chr(s3),chr(s4),chr(s5),chr(s6),chr(s7)))
                    return

decipher()
```

5.3 商人的砝码

法国数学家梅齐亚克在他所著的《数字组合游戏》一书中有这样一道有趣的题目：一个商人有一个质量为 40 磅的砝码，一天他不小心将这个砝码摔成了四块。吝啬的商人不愿意扔掉这个破碎的砝码，于是他仔细研究这四块砝码碎片，并发现每块砝码碎片的质量恰好都是整数，而且这四块砝码碎片的质量各不相同，同时这四块砝码碎片可以在天平上称出 1~40 磅之间任意的质量（这里指整数磅，即可称出 1 磅，2 磅，…，40 磅）。你知道这四块砝码碎片的质量各是多少吗？

难度：★★★

> 首先梳理一下题目中给出的已知条件。从题目的描述来看共包含以下已知条件：
>
> ❖ 四块砝码碎片的质量之和为 40 磅。
> ❖ 砝码碎片的质量各不相同。
> ❖ 四块砝码碎片可以在天平上称出 1~40 磅之间任意整数磅的质量。

所以该问题的解空间是有限的、可列的，我们只需要划定一个合理的解空间，并在这个解空间中搜索出满足以上三个条件的解即是本题的答案。

假设这四块砝码碎片的质量分别是 a、b、c、d，根据题目的已知条件，必然有 a、b、c、$d \in R$（整数），同时 $0<a<40$，$0<b<40$，$0<c<40$，$0<d<40$，所以这个解空间可暂划定为 $\{(a,b,c,d) \mid a,b,c,d \in R$ 并且 $0<a<40,0<b<40,0<c<40,0<d<40\}$。只要遍历这个解空间，找出这样的组合 (a,b,c,d)，其中 a、b、c、d 互不相等并且 $a+b+c+d=40$，同时 a、b、c、d 可以在天平上称出 $1~40$ 磅之间的任意质量，那么组合 (a,b,c,d) 自然就是该问题的答案。

有了前面两题的经验，我们可以很容易地想到如何遍历这个解空间，仍然采用多重循环的方式，代码如下：

```
for( a=1; a<40; a++) {
    for ( b=1; b<40; b++) {
        for ( c=1; c<40; c++) {
            for ( d=1; d<40; d++) {
                //判断是否满足以上三个条件,如果满足即是一个答案
            }
        }
    }
}
```

但是细心的读者可能会发现这段代码存在一个严重的问题。因为这里所讲的组合 (a,b,c,d) 其实是一种不考虑排列方式的组合，也就是说组合 $(1,2,3,4)$ 和组合 $(4,3,2,1)$ 其实都是一样的。这是因为这里所要考虑的只是碎片的质量各是多少，而并没有为每块砝码碎片编号，所以不需要考虑碎片的排列方式。但是如果使用上述代码遍历解空间，则会产生大量的冗余，例如组合 $(1,2,3,34)$ 和组合 $(34,3,2,1)$ 都可以通过这段代码遍历到，但是这两种组合方式其实是一回事。这样不但会产生大量无用的计算，还会得到很多冗余重复的结果，因此上面给出的

解空间还需要进一步缩小。

如何划定一个不重、不漏的解空间呢？为了方便思考这个问题，可先考虑一个简化版的二维向量问题，然后再类比推导出这个四维向量的问题。

假设我们要寻找这样一个组合(a,b)，其中a，$b \in R$并且$0<a<5$，$0<b<5$，同时只考虑a、b的组合方式而不考虑a、b的排列问题。如果按照上面的做法，该问题的解空间会被划定在下面这个二维矩阵中。

b/a	1	2	3	4
1	(1,1)	(1,2)	(1,3)	(1,4)
2	(2,1)	(2,2)	(2,3)	(2,4)
3	(3,1)	(3,2)	(3,3)	(3,4)
4	(4,1)	(4,2)	(4,3)	(4,4)

不难发现，这个矩阵其实是一个对称矩阵，也就是说矩阵中的第i行第j列和第j行第i列所表示的组合其实是等价的。所以我们没有必要完整地遍历这个矩阵，而只需要遍历它的上对角矩阵或下对角矩阵以及对角线就可以搜索到(a,b)的每一种组合，这样解空间会减小到近原来的一半，同时得到的结果也不会有重复。改进后的代码实现如下：

```
for( a=1; a<5; a++) {
    for (b=a; b<5; b++) {     //变量 b 的起点改为 a,这样只搜索下对角矩阵以及对角线
        //得到一个组合(a,b)
    }
}
```

推广到本题这个四维向量空间问题，我们可以得到如下遍历解空间的算法：

```
for( a=1; a<40; a++) {
    for (b=a; b<40; b++) {
        for (c=b; c<40; c++) {
            for (d=c; d<40; d++) {
                //判断是否满足以上三个条件,如果满足即是一个答案
            }
        }
    }
}
```

采用上述算法搜索解空间可以避免冗余结果的出现。因为题目中还提到"a、b、c、d互不相等"，所以可将该算法中变量b、c、d的起点稍加修改，分别从

第一章

第二章

第三章

第四章

第五章

第六章

$a+1$，$b+1$，$c+1$ 开始，即

```
for( a=1; a<40; a++) {
    for ( b=a+1; b<40; b++) {
        for ( c=b+1; c<40; c++) {
            for ( d=c+1; d<40; d++) {
                //只需要判断a+b+c+d是否等于40,同时判断a、c、d是否能在天平上
                //称出1~40磅之间任意的质量

            }
        }
    }
}
```

这样问题的解空间又进一步得到缩小，每次得到的组合方式中 a、b、c、d 四个元素都不会相等。

遍历解空间的问题解决了，接下来要考虑的另一个关键问题就是如何判断组合 (a,b,c,d) 是否可以在天平上称出 1~40 磅之间任意整数磅的质量。这个问题看似有点不可思议，其实只要想到下面这种情形问题就不难解决了，图 5-6 为使用三个砝码碎片称出 1 磅质量的示意图。

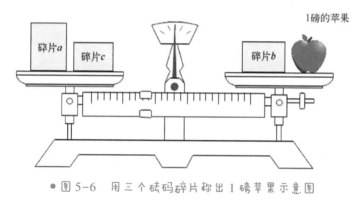

1磅的苹果

碎片a　碎片c　　　　碎片b

● 图 5-6　用三个砝码碎片称出 1 磅苹果示意图

如图 5-6 所示，将碎片 a 和碎片 c 放到天平的一边，将碎片 b 和一个一磅的苹果放到天平的另一边，此时天平保持平衡，这说明碎片 a、碎片 b、碎片 c 可以称出 1 磅的质量。我们可以采用这个办法变换砝码碎片的组合和摆放位置来称出不同的质量。

如果将这个问题转化为数学符号，其实就是要判断方程

$$x_1a+x_2b+x_3c+x_4d=W \quad x_1,x_2,x_3,x_4 \in \{-1,0,1\}$$

在 $W=1$，2，3，…，40 时是否都有解。请注意该方程的解 x_1、x_2、x_3、x_4 只能从 $\{-1,0,1\}$ 中取值，这个道理很简单，假设存在一组解 $\{x_1,x_2,x_3,x_4\} = \{1, 1, -1,$

0} 使得方程

$$x_1a+x_2b+x_3c+x_4d=1$$

成立，则有

$$1a+1b+(-1)c+0d=1$$
$$a+b-c=1$$
$$a+b=1+c$$

这就表示天平的一边放上砝码碎片 a 和碎片 b，另一边放上砝码碎片 c 和一个 1 磅的物体天平就处于平衡状态了。这说明砝码碎片 (a,b,c,d) 可以称出 1 磅的质量，也就是图 5-6 所示的情形。同理，如果该方程在 $W=1,2,3,\cdots,40$ 时都有解（注意不是方程组，每组解可以不同），那就表明砝码碎片 (a,b,c,d) 可以称出 1~40 磅之间的任意质量。

据此分析，可以给出下面的算法用以判断组合 (a,b,c,d) 是否可以在天平上称出 1~40 磅之间的任意质量。

```
boolan isMeasurableOneToForty(int a,int b,int c,int d) {
    int weight;
    for (weight=1; weight<=40; weight++) {
        if (!isMeasurable(a,b,c,d,weight)) {
            return false;
        }
    }
    return true;
}


boolean isMeasurable(int a,int b,int c,int d, int weight) {
    int x1,x2,x3,x4;
    for (x1=-1; x1<=1; x1++) {
        for (x2=-1; x2<=1; x2++) {
            for (x3=-1; x3<=1; x3++) {
                for (x4=-1; x4<=1; x4++) {
                    if (x1*a+x2*b+x3*c+x4*d== weight) {
                        return true;
                    }
                }
            }
        }
    }
```

```
        }
    return false;
}
```

该算法通过一个循环语句来判断砝码碎片组合(a,b,c,d)是否可以称出 $1\sim40$ 磅之间的任意质量。如果组合(a,b,c,d)可以称出 $1\sim40$ 磅之间的任意质量，则函数 isMeasurableOneToForty( )返回 true；否则返回 false。

函数 isMeasurable($a,b,c,d,weight$)包含了 5 个参数，其中参数 a、b、c、d 表示砝码碎片的质量；参数 weight 为 $1\sim40$ 之间的某一个数。如果碎片组合(a,b,c,d)能称出 weight 所表示的质量，则函数 isMeasurable( )返回 true，否则返回 false。

下面给出本题的 Java 语言程序代码实现。

```java
class MerchantsWeight {
    private static boolean isMeasurable(int a,int b,int c,int d, int weight)
    {
        int x1,x2,x3,x4;
        for (x1=-1; x1<=1; x1++) {
            for (x2=-1; x2<=1; x2++) {
                for (x3=-1; x3<=1; x3++) {
                    for (x4=-1; x4<=1; x4++) {
                        if (x1*a+x2*b+x3*c+x4*d  == weight) {
                            return true;
                        }
                    }
                }
            }
        }
        return false;
    }

    private static boolean isMeasurableOneToForty(int a,int b,int c,int d) {
        int weight;
        for (weight=1; weight<=40; weight++) {
            if (!isMeasurable(a,b,c,d,weight)) {
                return false;
            }
        }
        return true;
    }
```

```
public static void main(String[ ] args)
{
    int a,b,c,d;
    for (a=1; a<40; a++) {
        for (b=a+1; b<40; b++) {
            for (c=b+1; c<40; c++) {
                for (d=c+1; d<40; d++) {
                    if (isMeasurableOneToForty(a,b,c,d) &&
                        a+b+c+d == 40) {
                        System.out.println("The mass of the four
                                            weight fragments: ");
                        System.out.println(a + ", " + b + ", "
                                            + c + "," + d);
                    }
                }
            }
        }
    }
}
```

本程序的运行结果如下：

The mass of the four weight fragments :
1,3,9,27

所以四块砝码碎片的质量分别是：1 磅、3 磅、9 磅和 27 磅。

附：本题的 Python 程序实现

```
def isMeasurable(a,b,c,d,weight):
    for x1 in range(-1,2):
        for x2 in range(-1,2):
            for x3 in range(-1,2):
                for x4 in range(-1,2):
                    if x1*a+x2*b+x3*c+x4*d == weight:
                        return True
    return False

def isMeasurableOneToForty(a,b,c,d):
    for weight in range(1,40):
```

第一章

第二章

第三章

第四章

第五章

第六章

```
            if not isMeasurable(a,b,c,d,weight):
                return False
        return True

for a in range(1,40):
    for b in range(a+1,40):
        for c in range(b+1,40):
            for d in range(c+1,40):
                if isMeasurableOneToForty(a,b,c,d) and \
                    a+b+c+d == 40:
                    print("The mass of the four weight fragments: ")
                    print(a,b,c,d)
```

5.4 猴子摘了多少桃

有一只猴子摘了许多桃子，当时就一口气吃了一半，但是还不过瘾，于是又多吃了一个。第二天它又吃掉了剩下的桃子的一半，还不过瘾又多吃了一个。以后每天这只猴子都是这样吃桃，先吃掉前一天剩下桃子的一半，再多吃一个。到了第七天，它发现桃子只剩下了一个。于是这只猴子想"我最初摘了多少个桃子呢?"，但是猴子毕竟是猴子，百思也不得其解，你能帮助猴子解开这个问题吗?

　　本题最简单最直接的解法就是使用递推的方法从第七天向前反推。已知第七天猴子只剩下了 1 个桃子，而之前的六天里猴子每天都吃掉全部桃子的一半再多吃一个。所以由此可知在第六天，猴子还有 4 个桃子，这样它吃掉一半（也就是 2 个桃子）再多吃一个后就只剩下 1 个桃子了。在第五天，猴子还有 10 个桃子，这样它吃掉一半（也就是 5 个桃子）再多吃一个后就剩下 4 个桃子……以此类推，最终可求出第一天总共有多少个桃子。

　　上述方法是从已知条件入手，"自底向上"地逐步推导出结果。其实本题不止有这样一种解法，我们不妨采用逆向思维，换一个角度"自顶向下"地看一下如何解决这个问题。

　　我们可以这样来思考猴子摘桃的问题。如果想要知道第一天的桃子数，只要知道第二天的桃子数，然后用这个数字加上 1 再乘以 2 即可，这样将前一天的桃子"吃掉一半再多吃一个"就是后一天的桃子数了。图 5-7 可以形象地描述这个道理。

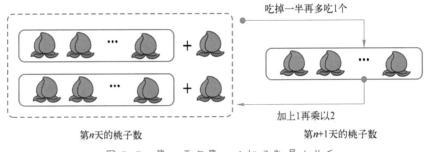

吃掉一半再多吃1个

加上1再乘以2

第n天的桃子数　　　　　　　　　　第n+1天的桃子数

　●图5-7　第 n 天与第 n+1 桃子数量的关系

　　所以如果设第 n 天的桃子数为 $S(n)$，则可以得出计算 $S(n)$ 的公式：

$$S(n)=\begin{cases}1 & n=7\\2[S(n+1)+1] & n<7\end{cases}$$

　　当 $n=7$ 时表示第七天桃子的数量，这个值为 1，它是题目的已知条件。当 $n<7$ 时则由公式 $S(n)=2[S(n+1)+1]$ 计算出来，也就是前面说的后一天的桃子数加 1 再乘以 2。

　　上面这个公式本身存在一个巧妙的结构就是"自己调用自己"。我们在计算第 n 天所剩桃子数 $S(n)$ 的时候实际上是通过第 $n+1$ 天的桃子数 $S(n+1)$ 来计算的，而在计算 $S(n+1)$ 时也要通过上述公式得到。我们称这种自己调用自己的方式为递归调用，这样的函数称为递归函数。

因此本题的另外一个解法就是应用递归算法来求解，请看下面的 Java 代码实现。

```java
public class MonkeyPickPeaches {
    public static void main(String [ ]args) {
        System. out. println("The monkey picked "
                                + getPeachNumber(1) + " peaches");
    }

    static int getPeachNumber(int n) {
        if (n==7) {
            return 1;
        } else {
            return 2 * (getPeachNumber(n+1)+1);
        }
    }
}
```

上述代码中，函数 getPeachNumber()是一个递归函数，它的作用是计算第 n 天（n 是该函数的参数）桃子的数量。当 n 等于 7 时，函数直接返回 1，因为第七天只剩下 1 个桃子，这是该递归调用的结束标志；当 n 不等于 7 时，就递归地调用函数 getPeachNumber()本身，返回 2 * (getPeachNumber(n+1)+1)即可。本程序的运行结果如下：

The monkey picked 190 peaches

猴子第一天共摘得 190 个桃子。

附：本题的 Python 程序代码实现

```python
def getPeachNumber(n):
    if n == 7:
        return 1
    else:
        return 2 * (getPeachNumber(n+1) + 1)

print("The monkey picked ",getPeachNumber(1), " peaches");
```

知识延拓——递归法算法思想

递归思想是一种常用的计算机算法思想，所谓递归算法就是一类直接或间接调用原过程的算法。递归算法在解决一些复杂的问题，特别是一些规模较大的问题时是非常有用的。因为递归算法可将一个规模较大的问题划分成规模较小的同类问题，所以如果一个问题规模庞大，且具有明显的递归特性，则可以考虑使用递归算法来求解。在使用递归算法解决问题时，要自顶向下地将一个大问题拆分成同类的小问题，然后利用同类问题这一特性构造出解决问题的递归函数，也就是这种"自己调用自己"的模型，再通过程序实现这个递归函数。

递归算法的经典实例很多，除了上面这道猴子摘桃问题，在第一章中介绍的著名的斐波那契数列本身也具有递归特性。

斐波那契数列的特点是：第一项是 1，第二项是 1，以后每一项都等于前两项之和。直观来看，斐波那契数列就是 1，1，2，3，5，8，13，21，34，55…的形式。如果用公式形式化地描述斐波那契数列的第 n 项，则可以表示为如下通项公式：

$$F(n)=\begin{cases}1 & n=1 \\ 1 & n=2 \\ F(n-1)+F(n-2) & n\geqslant 3\end{cases}$$

上述公式就是一个递归定义的公式，因为在计算斐波那契数列的第 n 项 $F(n)$ 时，首先需要得到该项的前两项 $F(n-1)$ 和 $F(n-2)$，而这两项的值也需要通过这个公式得到。其实这个递归公式就是在自己调用自己（计算 $F(n)$ 需要调用 $F(n-1)$ 和 $F(n-2)$），只是问题的规模缩小了（从原来的 n 缩小到 $n-1$ 和 $n-2$），这也正是递归算法的一个重要特性。

上面这个计算斐波那契数列第 n 项的递归公式可用 Java 语言代码描述如下：

```java
int fibonacci(int n) {
    if(n==1 || n==2) {
        return 1;
    } else {
        return fibonacci(n-1) + fibonacci(n-2);    //递归调用 fibonacci 函数自身
    }
}
```

可以看出，使用递归算法求解斐波那契数列第 n 项形式上更加简洁，代码更易于理解。

虽然递归算法形式简单，易于实现，但是在设计递归算法时还应当注意以下几点：

1）每个递归函数都必须有一个非递归定义的初始值作为递归的结束标志。就像上述 fibonacci 函数，当 n 等于 1 或者 n 等于 2 时函数直接返回 1，而不再调用自己。如果一个递归函数中没有定义非递归的初始值，那么该递归调用是无法计算出结果的，同时该递归调用也无法结束。

2）设计递归算法时，要解决的问题需要具有递归特性。就像上述 fibonacci 函数，fibonacci(n)的值可以通过 fibonacci($n-1$)和 fibonacci($n-2$)的值相加得到，其本质就是一种反复调用自身过程的特性。

3）虽然递归算法结构简单，易于理解和实现，但是由于需要反复调用自身过程，递归算法的运行效率较低，时间复杂度和空间复杂度都比较高，所以在使用递归算法时应考虑效率和性能问题。

5.5 有趣的梵塔问题

梵塔问题又称为汉诺塔问题，它源于古印度一个古老的传说。

相传在贝那勒斯（印度北部的佛教圣地）的圣庙里安放着一块黄铜板，铜板上插着三根细针。当印度教的主神梵天在创造地球时，就在其中的一根针上从下到上放了半径由大到小的 64 片圆盘，这就是有名的梵塔，也称为汉诺塔（Towers of Hanoi）。主神梵天要求这个神庙中的僧侣把这些圆盘全部从一根针（A 针）移到另一根指定的针上（C 针），要求每次只能移一个圆盘，移动圆盘时可以用另外一根针（B 针）作为辅助，但是不管在什么情况下，圆盘的大小次序不能改变，任何针上的圆盘都必须保证大圆盘在下，小圆盘在上这样的顺序，如图 5-8 所示。你能帮助神庙中的僧侣完成梵天的任务吗？

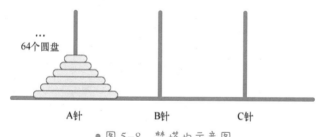

● 图 5-8　梵塔的示意图

难度：★★★

梵塔问题是一道有趣而古老的数学问题，同时梵塔问题也是一个经典的递归问题，而且这个问题只能用递归算法来解决。我们该如何思考这个问题呢？

如果要满足主神梵天的要求，即每次只能移动一个圆盘，移动可以借助 B 针进行，但是任何时候圆盘都必须保持大盘在下，小盘在上的顺序，则可以这样考虑移动的步骤。

1）首先将 A 针上 1~63 个盘子借助 C 针移动到 B 针上，要保证大盘在下小盘在上的顺序，如图 5-9 所示。

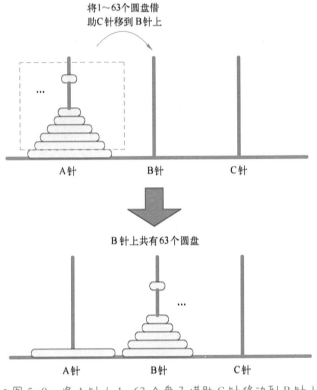

● 图 5-9　将 A 针上 1~63 个盘子借助 C 针移动到 B 针上

2）再将 A 针上最底下的那个最大的盘子移到 C 针上，如图 5-10 所示。

3）最后再把 B 针上的 63 个盘子借助 A 针移动到 C 针上，如图 5-11 所示。

只要完成上述步骤就可以将 A 针上的 64 个圆盘全部移动到 C 针上，而且在移动过程中始终保持大盘在下小盘在上的顺序。但是关键问题在于步骤 1）和步骤 3）如何执行。由于每次只能移动一个圆盘，所以移动的过程中必然要借助另外一个针进行，即：将 A 针上 1~63 个盘子借助 C 针移动到 B 针上；将 B 针上的 1~63 个盘子借助 A 针移动到 C 针上。

这显然又成为两个新的梵塔问题，只不过这两个梵塔问题规模要小一些（从 64 个盘子缩小到 63 个盘子）。

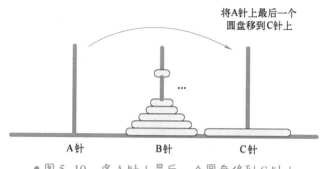

● 图 5-10　将 A 针上最后一个圆盘移到 C 针上

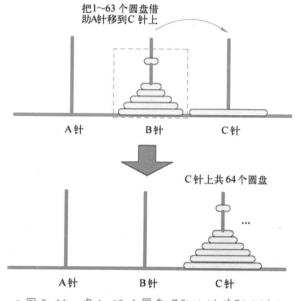

● 图 5-11　将 1-63 个圆盘借助 A 针移到 C 针上

问题 1：将 A 针上 1~63 个盘子借助 C 针移动到 B 针上。

问题 2：将 B 针上的 1~63 个盘子借助 A 针移动到 C 针上。

解决上述两个问题仍然可以采用前面的方法。

问题 1 的圆盘移动步骤如下：

1）首先将 A 针上 1~62 个盘子借助 B 针移动到 C 针上。

2）再将 A 针上第 63 个盘子移到 B 针上。

3）最后再把 C 针上的 62 个盘子借助 A 针移动到 B 针上。

问题 2 的圆盘移动步骤如下：

1）首先将 B 针上 1~62 个盘子借助 C 针移动到 A 针上。

2）再将 B 针上第 63 个盘子移到 C 针上。

3）最后再把 A 针上的 62 个盘子借助 B 针移动到 C 针上。

上述问题 1 和问题 2 的移动步骤中，步骤 1）和步骤 3）又构成了两个新的梵塔问题，只是问题的规模又缩小了一些（从 63 个盘子缩小到 62 个盘子）。这两个问题的解决方案与上面一样，仍然采用分三步移动圆盘的方法不断将问题的规模缩小，直到步骤 1）和步骤 3）移动的盘子个数为 1 时为止。这显然是一个递归的问题，也就是梵塔问题中嵌套着更小规模的梵塔问题。因此应当使用递归算法来求解，请看下面的 Java 代码实现。

```java
public class HanoiTower {
    public static void main(String [ ]args) {
        int n;
        move(3,'A','B','C');
    }

    private static void move(int n, char x, char y, char z) {
        if (n == 1) {
            System. out. println(x + " -->" + z);
        } else {
            move(n-1,x,z,y);                    //步骤 1）
            System. out. println(x + " -->" + z);    //步骤 2）
            move(n-1,y,x,z);                    //步骤 3）
        }
    }
}
```

上述代码中，函数 move(int n, char x, char y,char z)的作用是将 n 个盘子从 x 针上借助 y 针移动到 z 针上。该函数是个递归函数，递归的结束条件是 $n == 1$，也就是说此时只需要移动一个盘子，所以就无须借助 y 针，而是直接从 x 针上移动到 z 针上（用 x-->z 表示）。如果 n 不等于 1，则要将问题继续分解，也就是递归地调用函数 move()。按照上面所讲的移动步骤，先将 $n-1$ 个盘子从 x 针上借助 z 针移动到 y 针上，然后将 x 针上的第 n 个盘子直接移动到 z 针上（用 x-->z 表示），最后将 y 针上的 $n-1$ 个盘子借助 x 针移动到 z 针上。

由于 64 个圆盘的梵塔问题规模太大，所以本段代码中只演示了 3 阶梵塔的移动步骤（即参数 n 等于 3），程序的运行结果如下：

A-->C

A-->B

第一章

第二章

第三章

第四章

第五章

第六章

```
C-->B
A-->C
B-->A
B-->C
A-->C
```

虽然总共只有 3 个盘子，但是要按照梵天的指令将盘子从 A 针移动到 C 针上也并非易事，需要僧侣们执行 7 步才能完成。大家可以想一想，如果僧侣们要将 64 个盘子从 A 针移动到 C 针上，要执行多少步才能完成呢？其实移动次数与圆盘个数之间存在着如下关系：

$$移动次数 = 2^n - 1$$

所以 64 个圆盘要移动 $2^{64} - 1$ 次，这可是一个天文数字，它等于 18 446 744 073 709 551 615。假设僧侣们 1 秒钟移动一个圆盘，全程无任何停顿和错误，要将 A 针上的圆盘全部移动到 C 针上大约要花掉 5849 亿年的时间！

主神梵天曾预言"当 64 个圆盘移动完成之时，世界末日便会到来"，现在看来我们不必担心了，因为地球诞生至今也不过才 46 亿年！

附：本题的 Python 程序代码实现

```python
def move(n, x, y, z):
    if n == 1:
        print(x, "-->", z)
    else:
        move(n-1, x, z, y)
        print(x, "-->", z)
        move(n-1, y, x, z)
move(3, 'A', 'B', 'C')
```

5.6 走楼梯问题

个楼梯共有 10 级台阶，一个人从下往上走，他可以一次走 1 级台阶，也可以一次走 2 级台阶。请问这个人有多少种走法走完这 10 级台阶？

难度：★ ★ ★

　　走楼梯问题是一道经典而有趣的算法题，许多 IT 企业面试时都会考查此题。本题有很多种解法，最为经典而简洁的解法是使用递归算法和动态规划算法，下面我们来分别看一下这两种解法。

　　因为这个人一次可以走 1 级台阶，也可以走 2 级台阶，所以他可以有很多种组合方法走完这 10 级台阶。

　　走法一：1→1→1→1→1→1→1→1→1→1，如图 5-12 所示。

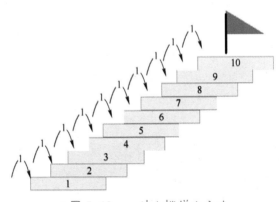

● 图 5-12　一种上楼梯的方法

走法二：2→1→1→1→1→1→1→1，如图 5-13 所示。

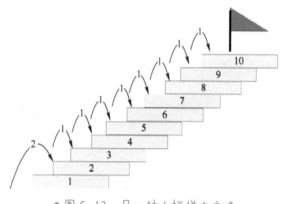

● 图 5-13 另一种上楼梯的方法

也就是先上 2 级台阶，再一步 1 级台阶地上 8 级台阶。

这样看来，这个人会有很多种方式走完这 10 级台阶，那么我们要如何计算共有多少种走法呢？

试想这个人要走到第 10 级台阶，必然存在且仅存在以下两种情形。

1）此人先登到第 8 级台阶上，然后在第 8 级台阶处向上直接登 2 级台阶，而不经过第 9 级台阶，如图 5-14 所示。

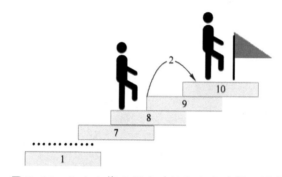

● 图 5-14 此人在第 8 级台阶处向上直接登 2 级台阶

2）此人登上了第 9 级台阶，再向上登 1 级台阶即可到顶，如图 5-15 所示。

有的读者可能会有这样的质疑："此人在第 8 级台阶处向上登 1 级台阶到第 9 级台阶上，然后再向上登 1 级台阶到第 10 级台阶，这也是一种情形啊？"其实这种场景已经包含在第 2 种情形之中了，第 1 种情形与第 2 种情形是以是否登到第 9 级台阶上作为划分的，只要登到第 9 级台阶之上就都属于第 2 种情形。

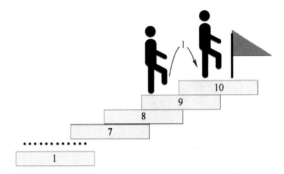

● 图 5-15　此人在第 9 级台阶处向上直接登 1 级台阶

因为这个人一次只能走 1 级台阶或者 2 级台阶，所以此人要登到第 10 级台阶上只可能存在上述两种可能，因此这种划分是完备的。

假设这个人登到第 8 级台阶（第 1 种情形）的走法有 x 种，登到第 9 级台阶（第 2 种情形）的走法有 y 种，那么很显然，这个人登上 10 级台阶的走法共有 $x+y$ 种。

用 $F(10)$ 表示这个人登上 10 级台阶总共的走法，用 $F(9)$ 表示他登上 9 级台阶总共的走法，用 $F(8)$ 表示他登上 8 级台阶总共的走法，则有 $F(10)=F(9)+F(8)$。不难想象，类比 $F(10)$ 的计算，可以得到 $F(9)$ 的计算公式：$F(9)=F(8)+F(7)$ 以及 $F(8)$ 的计算公式：$F(8)=F(7)+F(6)$，…，以此类推。当只有 1 级台阶时其走法只有 1 种，所以 $F(1)=1$；当只有 2 级台阶时其走法只有 2 种，所以 $F(2)=2$。所以可以总结出计算 $F(n)$ 的公式如下：

$$F(n)=\begin{cases}1 & n=1 \\ 2 & n=2 \\ F(n-1)+F(n-2) & n>2\end{cases}$$

不难看出这是一个递归公式，所以可以使用递归算法求解此题。求解此题的 Java 代码实现如下：

```java
public class ClimbStairs {

    private static int getClimbWays(int n) {
        if (n == 1) {
            return 1;
        } else if (n == 2) {
            return 2;
        } else {
            return getClimbWays(n-1) + getClimbWays(n-2);
```

```
                }

        }

    public static void main( String [ ]args) {
        int climbWays = 0;
        climbWays = getClimbWays( 10);
        System. out. println( "There are " + climbWays +
                                " ways to climb 10 steps ");
        }

    }
```

代码中函数 getClimbWays( )是一个递归函数，它的作用是返回登上 n 级台阶总共的走法数。在函数 getClimbWays( )内部会判断 n 的值，当进行到某一层递归调用中 n 的值变为 1 或者 2 时，该函数即可返回 1 或 2，此为该递归调用的出口。如果 n 的值不等于 1 或 2，则递归地调用 getClimbWays( )函数，返回 getClimbWays ($n-1$)+getClimbWays($n-2$)的值即为本题的答案。上述代码的执行结果如下：

There are 89 ways to climb 10 steps

登上 10 级台阶共有 89 种走法。

细心的读者可能会发现，上述递归算法其实存在着很多冗余的计算。因为在计算 $F(n)$ 时要先计算 $F(n-1)$ 和 $F(n-2)$，而计算 $F(n-1)$ 时要先计算 $F(n-2)$ 和 $F(n-3)$，这样 $F(n-2)$ 就计算了两遍。对应到上面的代码，就是函数 getClimbWays( )会执行很多次重复冗余的调用，通过图 5-16 可以直观地看到这一点。

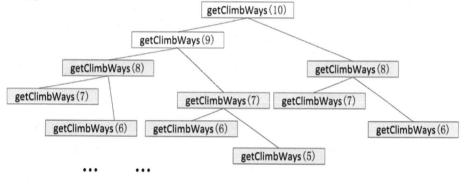

● 图 5-16　递归调用 getClimbWays( )函数产生的冗余计算

如图 5-16 所示，其实阴影方框中的函数只需要调用一次即可，而在这棵递归树中每一个方框中的函数都会被调用到，所以使用递归算法解决本题会存在大量的冗余计算。

那么有没有一种更为高效的算法来解决这个问题呢？上述递归算法其实是一种自顶向下的运算方式，也就是从 F(10) 开始逐级分解该问题，重复调用自身过程的同时问题的规模不断缩小。其实我们还可以自底向上地运算，也就是从 $F(1)=1$，$F(2)=2$ 计算出 $F(3)=3$，再从 $F(2)=2$，$F(3)=3$ 计算出 $F(4)=5$，…，以此类推，一直求到 $F(n)$。由于采用这种方式可将每一步的计算结果都记录下来，因此在这个过程中可以没有任何冗余的运算，算法的效率会高很多。我们称这种利用问题本身的递归特性，自底向上计算出最优解的方法为动态规划算法。走楼梯问题动态规划算法的 Java 代码实现如下：

```java
public class ClimbStairs {

    private static int getClimbWays( int n) {
        int a = 1;
        int b = 2;
        int tmp = 0;
        int i = 0;
        if ( n == 1) {
            return 1;
        } else if ( n == 2) {
            return 2;
        } else {
            for ( i=3; i<=n; i++) {
                tmp = a + b;
                a = b;
                b = tmp;
            }
            return tmp;
        }

    }

    public static void main (String[ ] args) {
        int climbWays = 0;
        climbWays = getClimbWays(10);
```

第 一 章

第 二 章

第 三 章

第 四 章

第 五 章

第 六 章

```
                    System. out. println( "There are " + climbWays +
                                          " ways to climb 10 steps " ) ;
            }
        }
```

上述代码中函数 getClimbWays( ) 的作用是返回登上 n 级台阶总共的走法数。当 n 等于 1 时表示只有一个台阶，此时只有一种走法，所以函数返回 1；当 n 等于 2 时表示只有 2 级台阶，此时只有两种走法，所以函数返回 2；否则需要通过一个循环来计算共有多少种走法。该循环就是上面所讲的自底向上的求解过程，即通过初始值 $a=1$（$F(1)$ 的值）和 $b=2$（$F(2)$ 的值）来计算 $F(3)$，进而计算 $F(4)$，$F(5)$，…，直到计算出 $F(n)$，并将其返回。上述代码的执行结果如下。

There are 89 ways to climb 10 steps

很显然，使用动态规划算法计算的结果与使用递归算法计算的结果是相同的。

附：本题的 Python 程序实现（动态规划算法）

```
def getClimbWays( n ) :
    a = 1
    b = 2
    tmp   = 0
    if n = = 1:
        return 1
    elif n = = 2:
        return 2
    else:
        for i in range( 3,n+1) :
            tmp = a + b
            a = b
            b = tmp
        return tmp


print( "There are " ,getClimbWays( 10) , " ways to climb 10 steps " )
```

知识延拓——动态规划算法思想

通过本题，我们又学习到了一个新的算法思想——动态规划算法。动态规划算法与递归算法的相似之处在于动态规划算法也是将一个规模较大的问题分解为规模较小的问题，然后逐一求解再汇聚成一个大的问题，但不同之处是动态规划算法是以自底向上的方式计算最优解，而递归法则采用自顶向下的方式，因此动态规划算法可以在计算过程中保存已解决的子问题答案，每个子问题只计算一次，这样可以减少冗余的计算，提高解决问题的效率。

在使用动态规划算法解决问题时要把握两个基本要素，它们分别是：具备最优子结构、具备子问题重叠性质。只有当一个问题具备了这两个基本要素时才能使用动态规划算法来求解。

设计动态规划算法的第一步通常是要刻画出问题的最优子结构。当一个问题的最优解包含了其子问题的最优解时，就称该问题具有最优子结构性质。以走楼梯问题为例，我们首先可以归纳出该问题的递归公式，即 $F(n) = F(n-1) + F(n-2), n>2$，那么 $F(n-1)$ 和 $F(n-2)$ 就是 $F(n)$ 的最优子结构，因为 $F(n-1)$ 和 $F(n-2)$ 是 $F(n)$ 子问题的最优解。

另外，使用动态规划算法求解的问题还应具备子问题的重叠性质。仍以走楼梯问题为例，在递归算法中每次产生的子问题并不一定总是新问题，很多子问题都需要被反复计算多次，就像图 5-16 中所示的那些方框中的函数调用。而动态规范算法正是利用了这种子问题重叠的性质，采用自底向上的方式计算，每个子问题只计算一次，然后将结果保存到变量（例如上述代码中的变量 a、b、tmp）中或者表格中（可以使用数组等数据结构来存储），当再次使用时只需要查询并读取即可，这样可以提高解题的效率。

所以当一个问题具备最优子结构同时该问题的子问题有重叠计算的时候，我们就可以考虑使用动态规划算法来求解此题，这样解题的效率会比直接使用递归算法高很多。

5.7 国王的金矿

有一个国家发现 5 座金矿，每一座金矿的黄金储量不同，需要挖掘的工人数量也不相同。其中每座金矿的储量和所需工人数量见表 5-1。

表 5-1 每座金矿的储量和所需工人数量

	一号金矿	二号金矿	三号金矿	四号金矿	五号金矿
黄金储量	400 金	500 金	200 金	300 金	350 金
所需工人数	5 人	5 人	3 人	4 人	3 人

第一章

第二章

第三章

第四章

第五章

第六章

　　现在招募了 10 名工人参与挖金矿，为了便于管理，要求每座金矿要么全挖，要么不挖，不能只挖一半就停工，也不能派出不符合表 5-1 所示人数去挖矿。例如，如果决定挖二号金矿，就必须派出 5 个人前去挖矿，而且一定要挖完，得到全部的 500 金为止。同时为了保密起见，每个工人只能在一座金矿上挖金，不能在一座金矿上挖完后再去另外一座金矿挖金。例如，一个工人被派到二号金矿挖金，他就不能再去其他金矿上挖金了，只能在二号金矿上挖完为止。国王希望尽可能多地挖出黄金，但是人力有限，又有上述规则的约束，所以不可能每个金矿都被挖掘，这就是个难题了！要怎样分派工人去挖哪几座金矿才能挖出最多的黄金呢？

难度：★ ★ ★ ★

　　如果你是这个国王，你会怎样解决这个问题呢？聪明的国王肯定不会把所有的事情都大包大揽，而是尽可能把工作分派给手下的人去做，这样才能发挥出国王最终决赏的作用。所以这个国王可以把这个问题分拆成两个子问题，然后交由两个副手去完成，最后自己再统一决赏。

　　首先他可以叫来副手 A，要求不开采五号金矿，并要求副手 A 合理分派这 10 个工人对 1~4 号金矿进行开采，计算出最多可以开采多少黄金。

　　然后他再叫来副手 B，要求一定开采五号金矿，并要求副手 B 合理安排剩余的 7 个工人（因为五号金矿需要 3 个工人开采所以还剩 7 个工人）对 1~4 号金矿进行开采，计算出最多可以开采多少黄金。

这样国王就可以坐等副手 A 和副手 B 的计算结果了。假若副手 A 的计算结果比副手 B 的计算结果再加上 350 金还要大，则说明不开采 5 号金矿，而将全部人力按照副手 A 的分派去开采 1~4 号金矿得到的黄金是最多的；否则，则应当采用第二种方案，即开采 5 号金矿，余下的 7 个工人按照副手 B 的分派去开采 1~4 号金矿。这样国王就可以轻而易举地得到开采方案了。

国王在这里实际上是将一个大的问题拆分成了两个规模更小的子问题，而这两个子问题则交由 A、B 两个副手来完成。对于副手 A 和副手 B 完全可以模仿国王的做法将子问题继续拆分，然后交由他们的副手来完成，最后再由副手 A 和副手 B 按照国王的方法将子问题统一给出结果提交国王。这样看来国王与金矿的问题其实具有递归特性，我们可以用数学符号来形式化描述该问题。

假设 n 表示要开采 1~n 号金矿，w 表示分派工人的数量，$F(n,w)$ 则表示用 w 个工人开采 1~n 号金矿最多可开采的黄金数。本题就是要计算 $F(5,10)$ 的值，也就是 10 个工人开采 1~5 号金矿最多可开采的黄金数。

在计算 $F(n,w)$ 的过程中需要设定两个数组：一个数组 $G[\ ]$ 用来表示金矿黄金的含量，其中 $G[i]$ 表示第 i 号金矿的黄金含量，$G[\ ]$ 的值为 $G[5]=\{400,500,200,300,350\}$；另一个数组 $P[\ ]$ 用来表示每个金矿的用工量，其中 $P[i]$ 表示第 i 号金矿的用工量，$P[\ ]$ 的值为 $P[5]=\{5,5,3,4,3\}$。

下面我们就可以给出解决该问题的形式化描述。

$$F(n,w)=0; \qquad\qquad n=1,w<P[0]$$
$$F(n,w)=G[0]; \qquad\qquad n=1,w\geqslant P[0]$$
$$F(n,w)=F(n-1,w); \qquad\qquad n>1,w<P[n-1]$$
$$F(n,w)=\max[F(n-1,w),F(n-1,w-P[n-1])+G[n-1])] \qquad n>1,w\geqslant P[n-1]$$

我们来逐一解释一下上面这组公式分别表示什么意思。

首先如果 $n=1$，并且 $w<P[0]$，说明此时要开采第 1 号金矿，而分派的工人数 w 却小于 $P[0]$，这里 $P[0]$ 表示开采第一个金矿需要的工人数，该值等于 3。这种情况下人数显然不够，根据规定的开采规则，这种情况是无法开采金矿的，所以 $F(n,w)$ 等于 0。

如果 $n=1$，并且 $w\geqslant P[0]$，说明此时要开采 1 号金矿，而且分派的工人数 w 大于 $P[0]$，所以人数是足够的，因此可开采出 $G[0]$ 数量的黄金（因为仅开采 1

第一章

第二章

第三章

第四章

第五章

第六章

号金矿，而 1 号金矿含金量就是 $G[0]$）。

如果 $n>1$，并且 $w<P[n-1]$，说明要开采的金矿数大于 1 个，它是要开采 $1\sim n$ 号金矿，但是分派的工人数却小于 $P[n-1]$（$P[n-1]$ 表示开采第 n 号金矿需要的工人数），所以第 n 号金矿肯定开采不了（人数显然不够），这种情况下 $F(n,w)$ 就等于 $F(n-1,w)$，也就是不去开采第 n 号金矿，而只开采 $1\sim(n-1)$ 号金矿所得到的黄金数。有的读者可能会有疑问 "w 个工人就一定能保证开采 $1\sim(n-1)$ 号金矿吗?"，请注意这个公式本身是递归定义的，如果 w 个工人开采不了 $1\sim(n-1)$ 号的金矿，则会再次进入该调用，n 的值会继续减 1。

如果 $n>1$，并且 $w \geqslant P[n-1]$，则说明要开采 $1\sim n$ 号金矿，同时可分派的工人数大于等于第 n 号金矿需要的工人数 $P[n-1]$，在这种情况下就是国王的策略了，$F(n,w)$ 等于 $F(n-1,w)$ 和 $F(n-1,w-P[n-1])+G[n-1]$ 中较大的那个。其中 $F(n-1,w)$ 表示不开采第 n 号金矿，使用 w 个工人最多开采的黄金数；$F(n-1,w-P[n-1])+G[n-1]$ 表示开采第 n 号金矿，用剩下的 $w-P[n-1]$ 个工人开采 $1\sim(n-1)$ 号金矿得到的黄金数再加上第 n 号金矿可开采出的黄金数 $G[n-1]$，两个值中较大的就是 $F(n-w)$ 的值。

据此分析，我们可以得出本题的递归解法，请看下面的 Java 程序实现。

```java
import java.io. * ;
import java.lang.Math ;
class KingAndGold
{
    static int[ ] P = {5,5,3,4,3} ;
    static int[ ] G = {400,500,200,300,350} ;

    static int getMostGold( int n, int w) {
    if ( n==1 && w<P[0] ) {
        return 0;
    }
    if ( n==1 && w>=P[0] ) {
        return G[0];
    }
    if ( n>1 && w<P[n-1] ) {
        return getMostGold(n-1,w);
    }
    return Math. max(
            getMostGold(n-1,w),
            getMostGold(n-1,w-P[n-1])+G[n-1]);
```

```
    }

public static void main（String[ ] args）throws java. lang. Exception
    {
System. out. println("The King can get " + getMostGold(5,10));
    }
}
```

上述代码的执行结果如下。

The King can get 900

上述递归算法中每一步调用都有两个子过程，也就是都需要递归调用两次 getMostGold()，对于一个规模为 n 的问题（要开采 $1 \sim n$ 个金矿），该算法的时间复杂度为 $O(2^n)$。有没有效率更高一些的算法可以解决此题呢？

大家可能已经猜到了，本题仍然可以使用动态规范算法来求解，因为本题满足动态规划算法的两个基本要素——最优子结构和子问题重叠。

要使用动态规划算法求解此题，首先要找出自底向上逐步递推出每一步最优解的步骤和方法，然后使用一些临时变量或者表格（在程序中可使用数组等数据结构）记录这些子问题的解，这样一步一步向上迭代求出问题的最终解。我们可以通过一个表格来记录这些子问题的解，请看表 5-2。

表 5-2　初始状态

	1 工人	2 工人	3 工人	4 工人	5 工人	6 工人	7 工人	8 工人	9 工人	10 工人
1 号金矿										
1~2 号金矿										
1~3 号金矿										
1~4 号金矿										
1~5 号金矿										

该表格的"行"代表参与挖矿的工人数 w，"列"代表要开采的金矿情况 n。表格的空白处表示 n 和 w 对应的黄金获得数，即 $F(n,w)$ 的值。我们只需要将这个表格填满，这个表格中的最后一行最后一列上的值即为所求 $F(5,10)$。

首先我们来填写表格的第一行。因为 1 号金矿黄金储量 400 金，需要 5 人开采，即 $G[0] = 400$，$P[0] = 5$，而第一行前 4 个格子的工人数都小于 5，即 $w < P[0]$，所以 $F(n,w)$ 都为 0。从第 5 个格子开始人数够了，此时满足 $w \geqslant P[0]$，$n = 1$，所以都是 $G[0]$，即 400 金。所以填完第一行后表格的状态见表 5-3。

第一章

第二章

第三章

第四章

第五章

第六章

表 5-3　填写表格的第一行

	1工人	2工人	3工人	4工人	5工人	6工人	7工人	8工人	9工人	10工人
1号金矿	0	0	0	0	400	400	400	400	400	400
1~2号金矿										
1~3号金矿										
1~4号金矿										
1~5号金矿										

我们再来看第二行要怎样填写。第二行 $n=2$ 表示要开采 1~2 号金矿。当工人数 w 小于 $P[n-1]=P[1]=5$ 的时候，$F(n,w)=F(n-1,w)$，所以前 4 个格子要填 0。也就是说工人数不足 5 人的时候，开采 1~2 号金矿得到的黄金数跟仅开采 1 号金矿得到的黄金数是一样的，而 $F(1,1)$、$F(1,2)$、$F(1,3)$、$F(1,4)$ 都是 0，所以 $F(2,1)$、$F(2,2)$、$F(2,3)$、$F(2,4)$ 也都是 0。当 w 大于等于 $P[1]=5$ 时，就要根据公式 $F(n,w)=\max[F(n-1,w),F(n-1,w-P[n-1])+G[n-1]]$ 来计算了。

$$F(2,5)=\max[F(1,5),F(1,5-P[2-1])+G[2-1]]=\max(400,500)=500;$$
$$F(2,6)=\max[F(1,6),F(1,6-P[2-1])+G[2-1]]=\max(400,500)=500;$$
$$F(2,7)=\max[F(1,7),F(1,7-P[2-1])+G[2-1]]=\max(400,500)=500;$$
$$F(2,8)=\max[F(1,8),F(1,8-P[2-1])+G[2-1]]=\max(400,500)=500;$$
$$F(2,9)=\max[F(1,9),F(1,9-P[2-1])+G[2-1]]=\max(400,500)=500;$$
$$F(2,10)=\max[F(1,10),F(1,10-P[2-1])+G[2-1]]$$
$$=\max[F(1,10),F(1,5)+G[2-1]]$$
$$=\max(400,400+500)$$
$$=900;$$

所以填完第二行后表格的状态见表 5-4。

表 5-4　填写完表格第二行

	1工人	2工人	3工人	4工人	5工人	6工人	7工人	8工人	9工人	10工人
1号金矿	0	0	0	0	400	400	400	400	400	400
1~2号金矿	0	0	0	0	500	500	500	500	500	900
1~3号金矿										
1~4号金矿										
1~5号金矿										

不难看出，我们在计算第二行时并不是每一步都调用递归函数 $F(n,w)$ 来计算，而是通过第一行中两个格子的值推算出来的。例如我们在计算 $F(2,5)$ 的时

候，可以先从第一行中查出 $F(1,5)=400$；再从第一行中查出 $F(1,0)=0$ 然后得出的结果，在这个过程中没有调用递归函数 $F(n,w)$ 进行计算。这就是动态规划算法的精髓所在，我们不需要再重复调用递归函数，而只需要在已有的计算结果中查找所需要的值，这样可以节省掉很多冗余的计算。

按照上述查表规律，我们就可以轻松地填满整个表格，见表5-5。

表5-5 完整地填完表格

	1 工人	2 工人	3 工人	4 工人	5 工人	6 工人	7 工人	8 工人	9 工人	10 工人
1 号金矿	0	0	0	0	400	400	400	400	400	400
1~2 号金矿	0	0	0	0	500	500	500	500	500	900
1~3 号金矿	0	0	200	200	500	500	500	700	700	900
1~4 号金矿	0	0	200	300	500	500	500	700	800	900
1~5 号金矿	0	0	350	350	500	550	650	850	850	900

可见表格中最后一行最后一列上的值为900，所以可以开采出的黄金最多为900金，这个结果跟上面的递归算法结果是一致的。

下面给出上述动态规划算法的 Java 程序实现。

```java
import java. io. * ;
import java. io. * ;
import java. lang. Math;
class KingAndGold
{
    static int[ ] P = {5,5,3,4,3};
    static int[ ] G = {400,500,200,300,350};

    static int getMostGold( int n, int w) {
        int[ ] preResult = new int[w+1];
        int[ ] result = new int[w+1];
        //给表格的第一行赋初值
        for ( int i=0; i<=w; i++) {
            if (i<P[0]) {
                preResult[i] = 0;
            } else {
                preResult[i] = G[0];
            }
        }
```

```
//循环生成其他表格的内容
for (int i=1; i<n; i++) {
    for (int j=1; j<=w; j++) {
        if(j<P[i]) {
            result[j] = preResult[j];
        } else {
            result[j] = Math.max(preResult[j],preResult[j-P[i]]+G[i]);
        }
    }
    for (int k=0; k<=w; k++) {
        preResult[k] = result[k];
    }
}
return result[w];
}


public static void main (String[] args) throws java.lang.Exception
{
    System.out.println("The King can get " + getMostGold(5,10));
}
}
```

请注意，这段代码中并没有生成一个如表 5-5 所示的那样一个完整的表格，而是巧妙地使用 2 个数组 preResult[] 和 result[] 来代替，这是因为在生成下一行的内容时只需要它上一行的内容，不需要其他行的内容，同时这个函数只需要返回表格中最后一行最后一列的值即为本题的答案，所以为了节省算法的空间复杂度，这里只使用两个数组来代替这个 $n \times w$ 的表格。

上述代码的执行结果如下：

The King can get 900

有的读者可能觉得本题有点"小题大做"了，因为从表 5-1 给出的已知条件可以很容易地看出本题的答案就是 900。但是给出这样的结论是很不严谨的，因为这没有经过严格的证明，只是一种主观的推测。另外，如果将这个问题的规模扩大一些，比如有 100 个金矿和 1000 个工人，恐怕就没那么容易猜出答案了。

附：本题的 Python 程序代码实现（动态规划算法）

```
def getMostGold(n,w):
    P = (5,5,3,4,3)
```

```python
G = (400,500,200,300,350)
preResult = list(range(0,w+2))
result = list(range(0,w+2))

for i in range(0,w+1):
    if i < P[0]:
        preResult[i] = 0
    else:
        preResult[i] = G[0]

for i in range(1,n):
    for j in range(1,w+1):
        if j<P[i]:
            result[j] = preResult[j]
        else:
            result[j] = max(preResult[j],preResult[j-P[i]]+G[i])

    for k in range(1,w+1):
        preResult[k] = result[k]

return result[w]

print("The King can get ",getMostGold(5,10))
```

5.8 八皇后问题

有一个 8×8 的国际象棋棋盘，要在上面摆放 8 个皇后棋子，要求任意一个皇后棋子所在位置的水平方向、竖直方向，以及 45 度斜线上都不能出现其他皇后棋子，也就是不能有冲突，如图 5-17 所示，就是一个无冲突的八皇后局面。

请问这样无冲突的八皇后局面共有多少种？

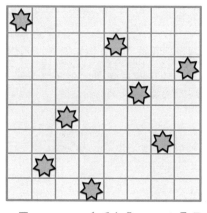

● 图 5-17 八皇后问题的一个局面

难度：★★★★

八皇后问题是一个古老而著名的数学问题。数学家高斯曾认为八皇后问题共有76种方案，而后来有人用图论的方法解出了92种结果。直到计算机发明后，人们用计算机程序才得到了这个问题的确切答案。

使用计算机算法来求解八皇后问题可采用穷举法、递归法、回溯法、概率算法等很多方法。其中最为常用而经典的算法是使用回溯法求解。所以八皇后问题是回溯法的一个经典案例。

回溯法也是一种重要的计算机算法，它的基本思想是：在包含问题所有解的解空间树中，按照深度优先搜索的策略从根结点出发深度探索解空间树。当探索到某一结点时，要判断该结点是否包含问题的解，如果包含，就从该结点出发继续探索下去；如果该结点不包含问题的解，那就说明以该结点为根结点的子树中一定不包含该问题的最终解，因此就要跳过对以该结点为根的子树的系统探索，并向解空间树的上一层"回溯"，这个过程叫作解空间树的"剪枝"。当完整地探索完整棵解空间树后（也就是回溯到了全树的根结点），就能得到该问题的全部解。如果我们只希望得到问题的一个解，而不要求得到该问题的全部解的话，那么在探索解空间树时只要搜索到问题的一个解就可以结束了，没有必要遍历完整棵解空间树。

上面这段描述有些抽象，我们还是通过这个八皇后问题来了解一下回溯法的应用。

为了方便描述，用一个缩小版的四皇后问题来替代八皇后问题的讲解。所谓四皇后问题就是将 8×8 的棋盘改为 4×4 的棋盘，将 8 个皇后改为 4 个皇后，其他的条件和规则都不变。

　　要使用回溯法解决四皇后问题，首先要构造一棵四皇后问题的解空间树。所谓解空间树是指一棵包含了问题的全部解以及生成这些解的中间过程的树状结构。四皇后问题的解空间树如图 5-18 所示。

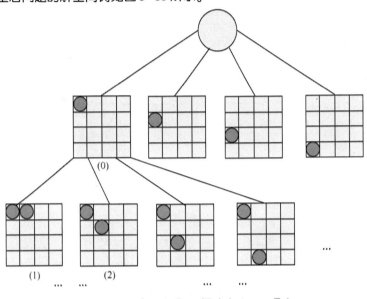

● 图 5-18　四皇后问题的解空间树（局部）

　　由于版面的限制，这里只给出了解空间树的局部。该解空间树的根结点不对应任何棋盘局面，只是一个虚拟的结点。从该解空间树的第 2 层开始每一层都对应一个棋子的摆法。第 i 层对应的是第 $i-1$ 个棋子在棋盘中的摆放局面。不难理解，该解空间树的第 5 层对应的就是摆放了 4 个皇后的棋盘局面，这里面包含有四皇后问题的所有解，它们是该解空间树的叶子结点。

　　由于每一颗棋子有 4 种摆放方法，所以在这棵解空间树中以任意结点为根结点都可以派生出 4 个子结点，这样完整的解空间树就是一棵 4 叉的满树，共包含 $4+4^2+4^3+4^4=340$ 个结点（除根结点外）。同时这棵解空间树共包含 $4^4=256$ 个叶子结点，对应了 256 种四皇后棋盘局面，当然这 256 张棋盘局面中绝大部分都不是问题的答案，我们就是要通过探索这棵解空间树，最终找出符合要求的四皇后问题的解。

　　在应用回溯法探索解空间时要从根结点出发，深度优先搜索整个解空间树，当访问到图中标记（1）的结点时发现该结点肯定不包含问题的解，也就是说该结点所示的皇后摆法不符合四皇后问题的要求（因为两个皇后产生了冲突），那么由该结点作为根结点派生出来的子树中也肯定不包含四皇后问题的解，所以我们要停止向下探索转而向上一层回溯，并继续探索上一层根结点（图中标记（0）所示的结点）的下一个子结点（图中标记（2）所示的结点）。这就是所谓的剪枝操作，也是回溯法的精髓所在。我们不是要等到生成叶子结点（也就是摆放完四个皇后）后再去判断这个局面是否满足四皇后问题的要求，而是在生成棋盘局面的过程中就预先判断，如果当前的局面已不满足要求，而后续的局面都是基于当前局面生成的，所以自然也不会满足四皇后的要求，因此就提前终止对这一路的探索。相比较于穷举法，应用回溯法深度优先探索解空间树可以大大减少搜索的步数，可以更快地找到问题的答案。

有的读者可能会发出这样的疑问："解空间树是怎么来的？没有解空间树如何来探索呢？"其实解空间树最开始并不存在，而是需要一边生成解空间树的每一个结点一边判断该结点是否符合四皇后问题的要求。这样最终摆放完四个皇后的棋盘局面就一定是四皇后问题的一个解。

以上就是应用回溯法解决四皇后问题的基本思想。八皇后问题跟四皇后问题大同小异，只是在问题的规模上要更大一些，所以同样可以采用回溯法求解。

下面给出应用回溯法解决八皇后问题的 Java 程序。

```java
class EightQueen
{
    static int count = 0;
    public static void main(String []args) {
        int[][] Q ;
        Q = new int[][] {{0,0,0,0,0,0,0,0},
                         {0,0,0,0,0,0,0,0},
                         {0,0,0,0,0,0,0,0},
                         {0,0,0,0,0,0,0,0},
                         {0,0,0,0,0,0,0,0},
                         {0,0,0,0,0,0,0,0},
                         {0,0,0,0,0,0,0,0},
                         {0,0,0,0,0,0,0,0}};
        int i, j;
        Queen(0, Q);
        System.out.println("There are " + count +
                           " results of Eight Queens Question");
    }

    private static voidQueen(int j, int[][] Q) {
```

```
        int i, k;
        //找到一个八皇后问题的解
        if (j == 8) {
            for (i=0; i<8; i++) {
                for (k=0; k<8; k++) {
                    System. out. print(Q[i][k]);
                }
                System. out. println("");
            }
            System. out. println("------------------------------");
            count ++ ;
            return;
        }

        for (i=0; i<8; i++) {
            if (isCorrectPosition(i,j,Q)) {
                Q[i][j] = 1;        //摆放一个皇后
                Queen(j+1, Q);      //深度优先搜索解空间树
                Q[i][j] = 0;        //Q[i][j]置0,探索 Q[i+1][j]
            }
        }
    }

    private static boolean isCorrectPosition(int i, intj, int[][] Q) {
        int s,t;
        //判断行
        for (s=i, t=0; t<8; t++) {
            if (Q[s][t] == 1 && t! =j) {
                return false;
            }
        }
        //判断列
        for (t=j, s=0; s<8; s++) {
            if (Q[s][t] == 1 && s! =i) {
                return false;
            }
        }
```

```
        //判断左上方
        for ( s=i-1, t=j-1; s>=0 && t>=0; s--,t-- ) {
            if ( Q[s][t] == 1 ) {
                return false;
            }
        }

        //判断右下方
        for ( s=i+1, t=j+1; s<8 && t<8; s++,t++ ) {
            if ( Q[s][t] == 1 ) {
                return false;
            }
        }

        //判断右上方
        for ( s=i-1, t=j+1; s>=0   && t<8; s--,t++ ) {
            if ( Q[s][t] == 1 ) {
                return false;
            }
        }

        //判断左下方
        for ( s=i+1, t=j-1; s<8 && t>=0; s++,t-- ) {
            if ( Q[s][t] == 1 ) {
                return false;
            }
        }
        return true;
    }
}
```

上述代码是解决八皇后问题的回溯法实现。这里并没有真的构建解空间树，而是通过一个递归算法模拟解空间树的探索。在该代码中用一个二维数组 $Q[8][8]$ 存放棋盘布局，$Q[i][j]=0$ 表示该位置不放置皇后，$Q[i][j]=1$ 则表示该位置放置皇后。该算法的核心代码为

```
private static void Queen( int j, int[][] Q ) {
    int i, k;
```

```
//找到了一个八皇后问题的解,将其打印出来
if ( j == 8 ) {
    for ( i = 0; i<8; i++ ) {
        for ( k = 0; k<8; k++ ) {
            System. out. print( Q[i][k] );
        }
        System. out. println( "" );
    }
    System. out. println( "------------------------------" );
    count ++ ;
    return;
}
//递归搜索解空间树
for ( i = 0; i<8; i++ ) {
    if ( isCorrectPosition(i,j,Q) ) {
        Q[i][j] = 1;        //摆放一个皇后
        Queen(j+1, Q);      //深度优先搜索解空间子树
        Q[i][j] = 0;        //Q[i][j]置0,探索 Q[i+1][j]
    }
}
}
```

函数 Queen( )是一个递归函数，它包含两个参数，参数 j 为二维数组 Q 的列号（范围是：0~7）；参数 Q 为二维数组对象的引用。最初调用函数 Queen( )时 j 的初始值为 0，表示第一个皇后摆放在棋盘的第一列上。而通过对变量 i 的 8 次循环可以分别探索以 $Q[0][0] = 1$，$Q[1][0] = 1$，$Q[2][0] = 1$，$Q[3][0] = 1$，$Q[4][0] = 1$，$Q[5][0] = 1$，$Q[6][0] = 1$，$Q[7][0] = 1$ 为根结点的解空间子树。这里通过递归的调用函数 Queen(j+1,Q)实现对解空间子树的搜索。图 5-19 所示为以 $Q[0][0] = 1$ 为根结点的解空间树。

当 j 的值等于 8 时，表示数组 Q 中第 0~7 列都已经摆放好了皇后棋子，这说明此时得到了一个八皇后问题的解，因此程序将结果打印出来，并通过 return 返回上一层递归调用。

在该算法中，函数 isCorrectPosition(i,j,Q)用来判断棋盘中 $Q[i][j]$ 的位置上是否可以放置皇后。如图 5-20 所示，判断的方法是以 $Q[i][j]$ 为中心，分别判断二维数组 Q 的行、列、左上方、右上方、左下方、右下方的状态，如果存在 1，也就是有皇后占据了棋盘格子，则表明 $Q[i][j]$ 的位置不能摆放皇后，于是返回 false；否则说明可以摆放皇后，于是返回 true。

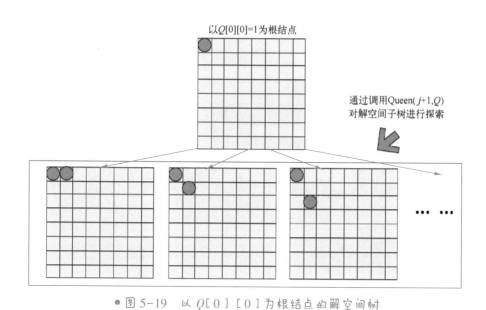

以Q[0][0]=1为根结点

通过调用Queen(*j*+1,*Q*)
对解空间子树进行探索

● 图 5-19　以 *Q*[0][0] 为根结点的解空间树

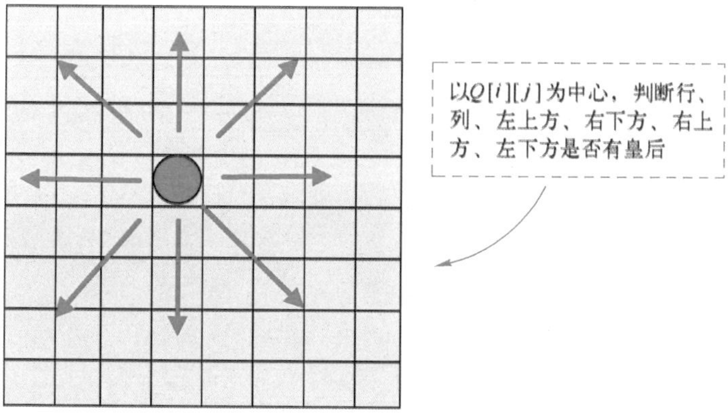

以*Q*[*i*][*j*]为中心，判断行、
列、左上方、右下方、右上
方、左下方是否有皇后

● 图 5-20　以 *Q*[*i*][*j*] 为中心判断 *Q*[*i*][*j*] 上是否可以摆放皇后

　　上面这段 Java 程序的执行结果中包含了 92 种八皇后问题的解，并输出了八皇后问题解的个数。由于版面的限制，这里仅展示最后一个解，并输出八皇后问题解的个数。

```
---------------------------
00100000
00000100
00010000
```

```
01000000
00000001
00001000
00000010
10000000
```

There are 92 results of Eight Queens Question

可见八皇后问题共有 92 种结果。

附：本题的 Python 程序实现

```python
def Queen(j, Q):
    global count
    if j == 8:
        #找到一个八皇后问题的解
        for i in range(0,8):
            for k in range(0,8):
                print(Q[i][k], end = "")
            print("")
        count = count + 1
        print("------------------------")
        return

    for i in range(0,8):
        if isCorrectPosition(i,j,Q):
            Q[i][j] = 1
            Queen(j+1,Q)
            Q[i][j] = 0

def isCorrectPosition(i,j ,Q):
    #判断行
    s = i
    t = 0
    while t<8:
        if Q[s][t] == 1 and t ! = j:
            return False
        t += 1
    #判断列
```

```
    t = j
    s = 0
    while s<8：
        if Q[s][t] ==1 and s ！= i：
            return False
        s += 1
    #判断左上方
    s = i-1
    t = j-1
    while s>=0 and t>=0：
        if Q[s][t] == 1：
            return False
        s -= 1
        t -= 1
    #判断右下方
    s = i+1
    t = j+1
    while s<8 and t<8：
        if Q[s][t] == 1：
            return False
        s += 1
        t += 1
    #判断右上方
    s = i-1
    t = j+1
    while s>=0 and t<8：
        if Q[s][t] == 1：
            return False
        s -= 1
        t += 1
    #判断左下方
    s = i+1
    t = j-1
    while s<8 and t>=0：
        if Q[s][t] == 1：
            return False
        s += 1
```

```
            t -= 1
        return True

count = 0
Q = [[0,0,0,0,0,0,0,0,0],
     [0,0,0,0,0,0,0,0,0],
     [0,0,0,0,0,0,0,0,0],
     [0,0,0,0,0,0,0,0,0],
     [0,0,0,0,0,0,0,0,0],
     [0,0,0,0,0,0,0,0,0],
     [0,0,0,0,0,0,0,0,0],
     [0,0,0,0,0,0,0,0,0]]

Queen(0, Q);
print(count)
```

第六章

数学中的科技之光

——那些改变人们生活的技术

当今世界是一个科学技术迅猛发展的世界，当今中国更是一个信息科技突飞猛进的中国。互联网经济的飞速发展使人们切身感受到了科技的力量。本章我们就从几个方面切入，一同窥探这些前沿技术背后的科学本质。

本章只做概要性的介绍，目的是为读者抛砖引玉、启迪思维。如果读者对这些前沿科技感兴趣，可以查阅相关领域的专业书籍进行更加深入的研究和学习。

6.1 "网红脸"背后的秘密——东方神器之美颜软件

难度：★★★

> 美颜技术是当下非常受欢迎的黑科技，在这个爱美的时代，美颜相机、美颜软件几乎成为少男少女的标配。但是你是否想过美颜软件是怎样做到将你脸上的痘痘、瑕疵一扫而净的？本节我们就来揭开美颜软件神秘的面纱，看看这个东方神器的原理是什么。

人脸识别——找到你的脸和你的"痘"

顾名思义，美颜软件就是要美化你的相貌，提高你的颜值，所以美颜软件对照片进行美颜时，第一步就是要从照片中找到人物的脸，然后再在脸上做文章，这一步叫作人脸识别。

众所周知，数码照片本质上就是由一堆像素排布而成的矩阵，每个像素都有其颜色和灰度等参数，组合在一起就构成了一张照片。人脸识别技术就是根据这些像素的灰度值变化定位照片中人脸的轮廓从而找到人脸的。

如图6-1所示，将一张数码照片放在一个三维坐标系的 xy 平面上，就可构建出一个形如 $z=f(xy)$ 的二元离散函数。其中点 (x,y) 为照片像素点的坐标，z 为像素点 (x,y) 对应的灰度值。从图6-1中不难发现，一个人的面部和背景的交界处（圆圈标出），像素灰度值的变化是非常明显的（即 z 的值会发生突变），而在其他部位（例如图片的背景，方框标出）灰度的变化就要平缓许多。人脸识别技术就是通过像素灰度值的变化，再结合数据库中已有的人脸灰度变化进行对比，就可以从一张照片中定位到人脸。

3D Fourier

Binary Fourier

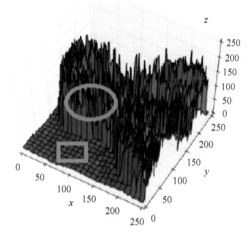

● 图 6-1　将傅里叶的照片放在三维坐标系中生成二维离散函数

依靠人脸像素灰度值的变化不仅可以定位出人脸的位置，还可以找到人脸上待美化的瑕疵，例如脸上的痘痘或疤痕等，这就为下一步的美颜做好了准备。

通过人脸识别技术，我们可以将一张照片中的人脸以及脸上的瑕疵都提取出来。接下来要做的自然就是针对人脸中的瑕疵进行修复和美化。

如何去掉脸上的瑕疵

传统的修复手段是采用空间域滤波。所谓空间域滤波就是以像素和周围邻域像素的空间关系为基础，通过卷积运算实现图像滤波的一种方法。说白了就是修改提取出来的瑕疵上面的像素颜色及灰度值，使其与周边像素的颜色一致。强大的 PhotoShop（PS）工具中就有空间域滤波的应用。

空间域滤波的优点是可以做到精准修复，也就是只针对需要修复的污点、瑕疵进行滤波，而对照片的背景以及人像的轮廓、五官等不会产生副作用，不会影响这些区域的清晰度。但是缺点也很突出，那就是空间域滤波需要对图像中的每一个像素进行多次复杂的数学运算，所以复杂度较高、性能较差。这在现在动辄几千万像素的智能手机中显然是不太适用的。所以现在的美颜软件更多采用一种叫作频率域滤波的技术来对照片进行美化。

频率域滤波是基于数学中傅里叶变换的一种快速滤波技术。那么什么是傅里叶变换呢？简单来说傅里叶变换就是将信号从时域函数转换成频域函数，再从不同角度对信号进行观察和研究。一般情况下，人们通常是在时域空间观察信号的，例如常见的心电图信号。

如图 6-2 所示，这种信号强度随时间变化的规律就是信号的时域特性。

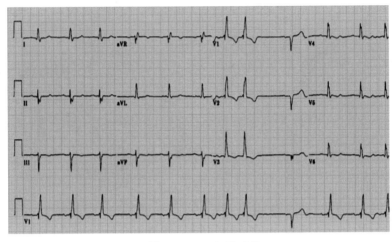

● 图 6-2　心电图信号

其实对于任何波，都可以通过一组频率和相位不同的正弦波或余弦波叠加而成。例如图 6-3 所示的方波就可以分解成许多不同的正弦波和余弦波的叠加。

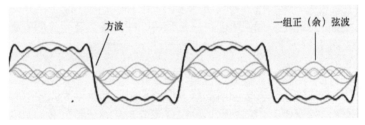

● 图 6-3　将方波分解成不同频率和相位的正（余）弦波

如图 6-3 所示，在时域方向上将这些正（余）弦波叠加在一起就可以组合成图中的这条方波。

此时如果从这些正（余）弦波的侧面看过去，就会发现每个正余弦波都是有其特有频率的，如果将这些频率抽离出来，我们所观察和研究的就是这个方波的频域特性，如图 6-4 所示。

图 6-4 中频域图像所展示的就是这个方波的又一个特性，我们称它为频域特性，它描述的是这些分解出来的正（余）弦波的频率。通过傅里叶变换就可以将一个信号从时域函数转换到频域函数，使得人们可以从频率的角度来研究和处理这个信号。

回到美颜技术上来，我们可以将图 6-1 所示的这个二维离散灰度函数看作一

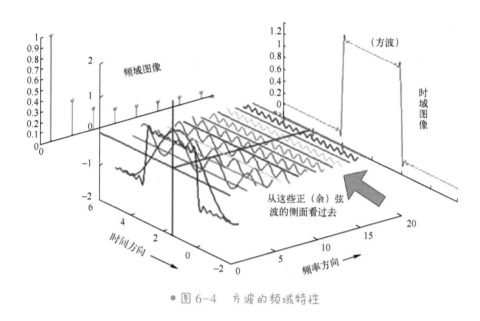

● 图6-4 方波的频域特性

个时域函数，然后将照片从横、纵两个方向分别做一次傅里叶变换，这样就可以
提取出这张照片的频域信息，最后生成一张二维的频谱图。

如图6-5所示为数学家傅里叶画像以及经傅里叶变换后生成的该画像的频谱
图。频谱图中越靠近中心点的位置频率越低，而越靠近边缘频率越高。高频的区
域对应的就是图像中灰度变化明显的区域，而低频的区域对应的是图像中相对平
滑的区域。

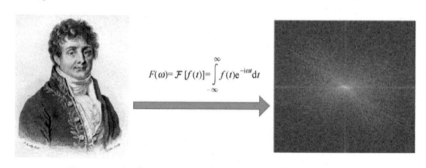

$$F(\omega) = \mathcal{F}[f(t)] = \int_{-\infty}^{\infty} f(t)e^{-i\omega t}dt$$

● 图6-5 将傅里叶的图片进行傅里叶变换得到的频谱图

得到照片的频谱图后，我们就可以通过美颜软件的一些特定算法将脸上的痘
痘、疤痕、皱纹等高频信号过滤，再通过逆向傅里叶变换将处理后的频谱图恢复
成图像，这样就完成了美颜的功能。

由于频率域滤波的计算量较小，所以相比较于空间域滤波它的效率要高很

多。但是缺点也是很明显的，那就是频率域滤波只能对整张照片做处理，而不能只针对局部做修改。这会导致照片的背景以及人像的轮廓、五官等也产生模糊，从而影响照片的效果。所以美颜软件通常会先根据人脸识别的结果将照片分层，也就是将人脸、五官、背景等元素提取出来放在不同的图层中，然后再在不同的图层上分别采用空间域滤波或者频率域滤波对照片进行处理，这样能够达到更好的效果。

通过以上介绍，相信大家对美颜相机或美颜软件的工作原理都有了一些基本的了解。其实美颜技术并非高深莫测的新技术，它只是图像处理技术在互联网时代的一种创新应用。

6.2 比特币是什么？——区块链、比特币与挖矿

难度：★ ★ ★

> 近几年一种新兴的电子货币悄然流行，人们称它为"比特币"。随着比特币价格的不断攀升，人们对比特币的兴趣也越发浓厚。"比特币""区块链""挖矿"等名词在网络上和人们的生活中不断蔓延。但是比特币究竟是什么东西呢？它真的能成为一类货币进行交易和流通吗？比特币为什么那么值钱？本节我们就来揭开比特币神秘的面纱，一探比特币的究竟。

从去中心化的记账系统说起

在介绍比特币之前，我们先要了解一下去中心化的记账系统。在传统的交易中，记账工作都是交由一个"中心"来完成的，这个中心就是我们熟悉的银行。比如买家向卖家支付了一笔费用，除了传统的现金支付外，人们更青睐选择银行卡支付，因为使用银行卡支付不但方便快捷，而且银行系统会对本次交易进行详细的记账，而这份账单对于买家和卖家都是认可的，这就保证了交易的安全。图 6-6 所示为通过银行系统进行交易的示意图。

如图 6-6 所示，买家将要支付的金额通过银行卡转账到卖家的账户上，而这个过程是以银行为中心的，也就是说银行负责记录买家和卖家账户上的金额变动以及钱的流向，同时因为银行的信用是由国家担保的，所以买家和卖家对银行记

买家转账给卖家

买家

卖家

银行负责记录买家和卖家账户
上的金额变动以及钱的流向

● 图 6-6　通过银行系统进行交易示意

录的账单也都是信任的。因此银行就是一个最典型的中心化记账系统。另外在我国，随着电商业的迅猛发展，移动支付逐渐成为主流。但是无论采用微信、支付宝或者是其他支付平台支付，它们的支付操作最终也要通过银行系统来完成，所以这些支付手段依然属于中心化记账模式。

中心化的记账系统固然很好地解决了交易过程中的记账问题，但也使得交易双方对银行的依赖不断加深。能否设计一个"去中心化"的记账系统帮助人们完成交易呢？比特币的构想由此产生。

2008 年 11 月 1 日，网络上出现了一篇名为《比特币：一种点对点式的电子现金系统》的文章，文章作者署名为中本聪。他在这篇文章中描绘了一个去中心化的记账系统，也就是比特币系统。在该系统中人们的交易不再需要一个类似于银行一样的记账中心帮助记录交易信息，而是通过网络上的个体用户来记录交易的信息，这个系统的原理如图 6-7 所示。

从这张图中不难看出，在这个系统中不再有银行这个交易中心的参与，取而代之的是一个个用户个体。例如当用户 A 和用户 B 之间发生交易（A 支付给 B 10 个比特币）时，这条信息就会被同步广播给 C、D、E 这些用户，使这笔交易在这些用户之间成为公开信息。如果日后用户 A 或用户 B 对此笔交易有任何疑问，都可以查询到他们的交易记录，而这条交易记录的真实有效性由 C、D、E 这些个体用户共同担保。

去中心化的记账系统有着中心化记账系统无法替代的优点。首先，由于去中心化的分布式架构服务器和终端分散在不同的节点上，所以即使部分结点或网络

● 图 6-7 去中心化的记账系统原理

遭到攻击破坏，对其他部分的影响也是很小的。这使得去中心化的记账系统有着极强的防灾能力。另外这种对等的点对点（P2P）网络架构在记录信息时也更加安全。全网每一个节点在参与记录信息的同时也要负责验证其他节点记录信息的正确性，只有当全网大部分节点都同时认可这条信息时，这条信息才能被记录。因此这种去中心化的分布式架构具有天然的抗攻击和高容错的优点。

区块和区块链

前面讲到了比特币系统是一个去中心化的分布式记账系统，在这个系统中最为核心的内容就是交易过程中记录下来的交易信息，也就是账单。为了实现去中心化，在这个系统中每个用户完成一笔交易都必须将自己的交易信息广播出来，并由系统中的每个用户来记录。这些交易信息将会以一种特定的格式进行打包，打包好的记录集就称为"区块"。在比特币系统中，一个区块内大概可以存储4000 条左右的交易记录。

但是随着比特币系统中交易信息不断增多，仅仅一个区块是肯定不够存储这些海量的交易信息的，于是就需要多个区块来存储交易信息。区块和区块之间通过区块头中的一个特殊字段——"块哈希"进行连接，这就形成了所谓的"区块链",如图 6-8 所示。

第一章
第二章
第三章
第四章
第五章
第六章

区块链

区块头	块哈希: 0000000000 e1...e24 版本信息: 0x3000000 前一区块的块哈希: 00000000078a...ed4 时间戳: 2020-1-4 23:11:56 难度: XXX 随机数: XXX Merkel 根: XXXXXX	块哈希: 0000000000 a1...3fa 版本信息: 0x3000000 前一区块的块哈希: 0000000000e1...e24 时间戳: 2020-1-4 23:22:30 难度: XXX 随机数: XXX Merkel 根: XXXXXX	块哈希: 000000000033 ... a26 版本信息: 0x3000000 前一区块的块哈希: 0000000000a1... 3fa 时间戳: 2020-1-4 23:36:16 难度: XXX 随机数: XXX Merkel 根: XXXXXX
区块体	交易记录: XXXX XXXX XXXX	交易记录: XXXX XXXX XXXX	交易记录: XXXX XXXX XXXX

● 图 6-8　区块与区块链

如果系统中的每个用户都去打包区块也会存在一些问题。例如,在当前比特币系统中同时进行着多笔交易,但由于网络的延时等原因,这些交易记录被系统中的用户接收到的次序可能是不同的,这就会导致系统中不同的用户打包出的区块内容之间可能存在差异,这必然会影响信息的真实有效性。

为了使区块的内容一致、信息完整,在比特币系统中仅维护了一条区块链,同时比特币系统要求区块链中的每一个区块只能由某个用户打包生成并连接到区块链上,全体用户共享区块链中的信息。这样就保证了比特币系统中的区块信息都是唯一的并且真实有效。

至此一个去中心化的记账系统——比特币系统的雏形已经产生,我们简单小结一下。比特币系统是以区块链技术为基础,以比特币作为电子交易货币的一个去中心化的记账系统。在比特币系统中的每一笔交易信息都要被全体用户记录,但只能由系统中的某个用户进行打包生成区块,并连接到区块链上,系统中仅维护一条区块链,所有用户共享区块链的信息,并为区块链上信息的真实有效性做担保。

但是新的问题又随之产生:

❖ 系统中的用户为什么愿意去记录并打包这些与自己无关的交易信息?

❖ 如何保证交易和记账过程的信息安全?

接下来的内容将回答以上两个问题。

比特币系统的激励机制和挖矿的流行

前面已经讲到,在比特币系统中每一笔交易记录都要由交易用户向整个网络广播,以便系统中的用户可以记录这些消息并打包成区块。然而根据比特币系统的打包规则，即便所有用户都打包了区块，最终也只有一个用户有机会将区块连接到区块链上，也就是说用户打包了区块很有可能是在做无用功。那么为什么个体用户还愿意消耗自己的系统资源（如网络流量、存储器资源、处理器资源等）来记录这些跟自己无关的信息呢？

除了打包的用户会得到一定数量的手续费外，这里还必须提到比特币系统的激励机制。

中本聪在设计比特币系统之初就提出了一个打包的奖励机制，这个奖励机制规定：每个区块只能由一个用户打包并连入区块链，每 10 分钟要生成一个区块，每生成一个区块就奖励打包的用户一些数量的比特币。最初每生成一个区块就奖励打包者 50 个比特币，四年后每生成一个区块奖励打包者 25 个比特币，再过四年每生成一个区块奖励打包者 12.5 个比特币，以此类推。这样一种奖励机制既可以将比特币分散给系统中的用户使用，也激励用户积极参与打包区块，获取更多的比特币。同时也能够看到，比特币系统中的比特币个数其实是有限的，按照中本聪设计的奖励机制，该系统中最多可以有大约 2400 万个比特币。可见比特币从它设计之初就注定是一种稀缺资源，未来存在升值的可能，因此人们都为了得到这丰厚的打包奖励而去积极地记录交易信息并打包区块。

但是比特币系统又规定每个区块只能由一个用户打包并连接到区块链上，那么这个打包权交给谁呢？比特币系统采用了一种叫作"工作量证明"的方案来决定将打包权交给哪个用户。

所谓工作量证明就是要求所有参与打包区块的用户在打包之前都要做一道很难的数学题，只有答案正确的用户才有资格打包区块并连接区块链。那么这是一道怎样的数学题可以难住这么多的比特币用户？为什么又叫作工作量证明？这里就牵扯到一个数学问题——数字摘要算法。

所谓摘要算法本质上是一种 Hash 函数，这个函数的输入可能是一个很长的字符串，甚至是一个文本、一个大文件，但是这个函数的输出是一个固定长度的码串，如图 6-9 所示。

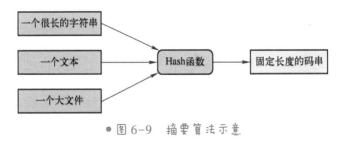

● 图 6-9　摘要算法示意

与此同时，这类 Hash 函数还具备以下特点：

- 首先它的正向运算速度非常的快，而逆向运算则非常复杂，几乎是不可能实现的。
- 其次，对于一个 Hash 函数，只要输入稍加改动（哪怕只有 1 bit 上的变化），得到的输出结果都可能存在着巨大的差异。

也正是因为 Hash 函数具备这些特点，它才常被用来进行数字签名。

在比特币系统中，这个 Hash 函数采用的是美国国家安全局发明的 SHA256 算法，这个算法的形式如图 6-10 所示。

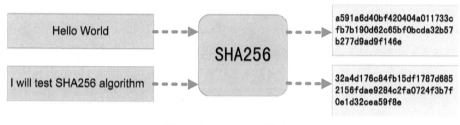

• 图 6-10　SHA256 算法演示

从图 6-10 中可以看到 SHA256 算法的输入是一个任意长度的字串，输出则是一个 256 位长的二进制数码。例如当输入字符串"Hello World"时，它的输出为 a591a6d40bf420404a011733cfb7b190d62c65bf0bcda32b57b277d9ad9f146e（这是十六进制的表示，实际长度为 256 位）；当输入字符串"I will test SHA256 algorithm"时，它的输出为 32a4d176c84fb15df1787d6852156fdae9284c2fa0724f3b7f0e1d32cea59f8e。由此可见，无论输入多长的字符串，输出的都是 256 位长度的二进制数码。

那么比特币系统是如何利用 SHA256 算法实现这个数学题的呢？在解释这个问题之前，首先还要了解一下区块信息的组成。

图 6-8 中示意了比特币系统中的区块链以及区块中的信息。可以看到，一个区块大致包含两部分信息：区块的头部和区块体。在区块头中包含了版本信息、当前的时间戳、随机数，以及前一个区块的块哈希等信息。区块体中则保存了每一笔交易信息。

假如比特币系统中的用户都获取了网络中的交易记录，并准备打包成区块并连入区块链，这时他们要做以下工作。

1）拼凑一个字符串，作为 SHA256 算法的参数。这个字符串主要包括以下内容：

- 区块链中最后一个区块的头部（前一个区块的块哈希）。
- 当前要打包到区块中的账单记录信息。
- 个人信息。
- 当前的时间戳。

❖ 随机数等。

2）将这个字符串作为 SHA256 算法的参数运算两次，即

$$D_{256} = SHA256(SHA256(字符串))$$

这样会很快得到一个 256 位长度的二进制码 D_{256}。比特币系统要求只有当 D_{256} 的前 66 位都是 0 时该用户才有打包区块的资格，所以这就需要参与打包的用户不停地运算，直到得出符合要求的结果或被其他用户抢先打包成功。

那为什么说得到前 66 位都是 0 的结果就是"难题"了呢？对于 SHA256 算法，它的正向计算是很容易的，而逆向计算是无法实现的，因此参与打包的用户要得到前 66 位都是 0 的运算结果只能靠不断改变输入值来暴力得出，而绝不可能设定一个结果去反向推算输入。同时我们也看到输入的字符串是由上一个区块的头部+账单信息+个人信息+时间戳+随机数等组成的，所以可以让打包用户修改的部分只有这个随机数。打包者要得到前 66 位都是 0 的运算结果的唯一方法就是通过不断修改这个随机数来拼凑成不同的输入字符串一个个试出结果。然而要得到一个前 66 位都是 0 的 D_{256} 的概率只有 $1/2^{66}$，也就是平均需要 73 786 976 294 838 206 464 次运算才能得到一个满足要求的结果，所以说它是"难题"毫不夸张！

如何能在短时间内完成如此庞大的计算量呢？目前可行的方法就是使用高性能的运算设备进行长时间的、不间断的计算，这样才有可能在 10 分钟内得到结果。如果你的设备性能不够强大，是很难在规定的时间内得到符合要求的结果的，除非你的运气超级好。所以人们为了形容这个运算的复杂和获取比特币奖励的艰难，将运算的过程形象地称为"挖矿"，将参与"挖矿"的高性能计算机称为"矿机"。

交易和记账过程中的安全问题

前面已经讲到，作为一种去中心化的分布式记账系统，比特币系统具有天然的耐攻击和高容错能力。除此之外，比特币系统有一套完备的安全体制来保证交易和记账过程中的安全。

在交易和记账过程中最为重要的事情就是对交易双方的身份进行认证，从而确保区块链中记录的每一笔交易信息都是合法的比特币用户发布的，而非凭空伪造的信息。比如 A 不是比特币系统的合法用户，他也并不持有比特币，但是他通过技术手段在比特币系统中发布了一条交易记录，这时就需要一个身份认证机制对这条记录的身份进行验证，从而避免这条非法记录进入区块链。

如何确保保存到区块链中的每一条记录都是合法用户发布的？在比特币系统中使用的是电子签名的方法。要理解电子签名技术，首先要有一点密码学的常识。

在密码学中普遍使用两种密码体制——对称密码体制和非对称密码体制。对称密码体制是加密方和解密方共享一个密钥。如图 6-11 所示，在整个加密解密过程中密钥是一个最为关键的因素，一旦密钥在传输过程中被他人截获，那么密文将会不攻自破。因此对称密码体制需要一条确保安全的保密信道来传递这个密钥。

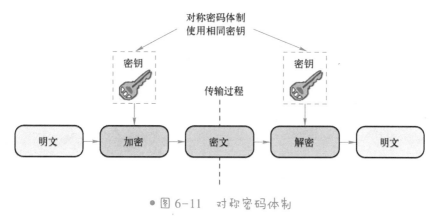

● 图 6-11　对称密码体制

相比之下，非对称密码体制的安全性就更高了。非对称密码体制需要两个密钥：即公开密钥（Public Key），简称公钥，以及私有密钥（Private Key），简称私钥。公开密钥与私有密钥是成对出现的，也就是说一个公开密钥唯一对应一个私有密钥，同时一个私有密钥也唯一对应一个公开密钥。如果用公开密钥对数据进行加密，那么只有用对应的私有密钥才能对其进行解密，同理，如果用私有密钥对数据进行加密，那么只有用对应的公开密钥才能对其进行解密。因为加密和解密使用的是两个不同的密钥，所以这种密码体制称为非对称密码体制，或者叫作公钥密码体制。

如图 6-12 所示，非对称密码体制有两种实现方式——数据加密和数字签名，图 a 为公钥密码体制下的数据加密模型，图 b 为公钥密码体制下的数字签名模型，下面进行分别介绍。

数据加密模型是非对称密码体制中最为常见，也是最为简单的一种实现方式。首先需要通过特殊的算法生成一对密钥（公钥和私钥），其中私钥交给解密方保存，不可以泄露出去，而公钥则可以以任意方式交给加密方使用。数据加密时，加密方使用公钥对要传输的文件进行加密并生成密文，然后将密文发送给解密方。解密方得到密文后使用自己保存的私钥就可以轻松地将密文解密，从而生成明文。密文在信道上的传输并不需要特殊的安全保护，因为即使密文在传输过程中被第三方截获，第三方也没有与该公钥配对的私钥，所以也

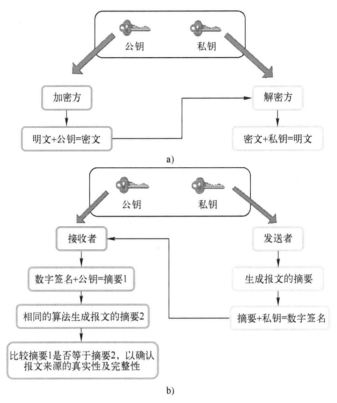

● 图6-12 数据加密模型和数字签名模型

a）数据加密模型 b）数字签名模型

就无法解开密文。

　　数字签名则通常用作身份认证使用。在进行数字签名时，信息的发送者要使用哈希函数（如比特币系统中使用 SHA256 算法）提取发送的报文摘要，然后使用自己的私钥对这个摘要进行加密，生成所谓的数字签名。接下来发送方将报文的数字签名和报文一起发送给接收方。接收方得到这些数据后，首先将发送方的数字签名用自己配对的公钥进行解密，得到一个解密后的摘要称为摘要1；然后接收方再用与发送方一样的哈希函数（如 SHA256 算法）从接收到的原始报文中计算出报文摘要，称之为摘要2。如果摘要 1 与摘要 2 相等，则认为接收到的这段报文确实来自于发送方，且报文内容完整、真实可靠；否则认为接收到的报文是有问题的，内容不可信。数字签名主要用于报文发送方身份的认证以及发送报文内容完整性的鉴定。

　　在比特币系统的实现中，发布消息的用户首先使用 SHA256 算法将要广播的记录生成摘要，然后将这个摘要用密钥进行加密生成数字签名，然后再将数字签名连同公钥发布出去。拿到这条记录的比特币系统用户先要将得到的电子签名用拿到的公钥进行解密，生成摘要 1，然后再将拿到的记录用 SHA256 算法生成另一个摘要，记作摘要 2，最后比较摘要 1 和摘要 2 的内容，如果内容相等，则说明这条记录是合法的，否则说明这条记录是非法的。

如果发布消息的人是比特币系统的合法用户，那么他必然拥有系统分配给他的完整私钥和公钥，这样他用私钥生成的电子签名再用公钥解密后得到的摘要 1 与直接使用 SHA256 算法对这条记录提取出的摘要 2 一定是完全相同的。比特币系统就是使用这种电子签名技术实现对每一条记录的身份验证。

以上介绍的是比特币系统中最基本的安全机制——通过数字签名进行身份认证。除此之外，区块链的结构设计本身也保证了其记录数据完备可追溯。因为区块链中区块之间通过块哈希相连接，所以这种设计使得通过每个区块都能找到其前后节点，从而可以完整地追溯到起始节点，形成一条完整的交易链，这就保证了交易记录的完备可追溯。同时每个区块头中都包含一个时间戳字段，当区块产生时就会被盖上这个时间戳。时间戳的设计使得更改一条记录的困难程度按时间指数倍增加，越老的记录越难更改，区块链运行时间越久，篡改难度就越高。这样区块链变成了一个不可篡改、不可伪造的数据库。

另外，比特币系统还具备许多其他安全保护措施以解决不同类型的安全隐患。例如支付过程中常见的双重支付问题，比特币系统就采用"余额检查"的方法加以解决。再比如，为了防止一些合法用户对区块链中的信息进行篡改，比特币系统采用"最长链原则"，因为每一个区块都必须引用其在区块链中的前一个区块，所以最长的链一般认为是最难以推翻和篡改的。

总而言之，比特币系统利用丰富的安全策略保证了每一笔交易的真实有效。

这里只是简要地为大家介绍了比特币系统的安全机制，要深入全面地理解比特币系统的安全机制还需要阅读介绍比特币和区块链技术的专业书籍。

从 2008 年中本聪首次提出比特币的概念到现在，比特币已历经十余年的发展。在这十余年中，我们切身感受到的是比特币的价格不断攀升，人们从不了解比特币为何物到盲目地投入到买矿机和挖矿的大军中。其实我们更应该关注的是比特币背后的区块链技术。区块链作为比特币系统的底层技术，其本质是一个去中心化的数据库。然而区块链技术的应用又远不止比特币一家，与比特币齐名的以太坊（Ethereum，ETH）就是基于区块链技术发展起来的成功案例。

伴随着人工智能、大数据、物联网技术的不断发展，区块链应用的舞台必将更加广阔。区块链技术在金融领域、物联网、智能制造、公共服务等多领域中将发挥越来越重要的作用。

6.3 一键便知天下事

难度: ★ ★ ★

当今，许多互联网用户都将百度设置为自己的浏览器首页，可见搜索引擎已经成为我们日常生活中获取信息、解决问题的重要工具之一。过去需要在资料堆里检索半天的信息现在只需输入关键字再轻松单击鼠标便可得到，真可谓"一键便知天下事！"

 VS

那么像百度这样的搜索引擎究竟是怎样工作的？当你在百度的输入框中输入一个你感兴趣的词汇，单击"百度一下"时，满满一屏相关网页的链接就会瞬间呈现在你面前，想起来也确实是件神奇的事情！这是怎样做到的？

从"爬虫"说起

要想一键搜索出想得到的内容，首先需要在搜索引擎的服务器中尽可能多地保存下网页的内容，这是检索的基础。正所谓"巧妇难为无米之炊"，如果在搜索引擎的服务器当中保存的网页内容很少，那么检索的效果一定非常差。一个好的搜索引擎，其中一个重要的基础就是储备海量的网页，这样搜索出来的内容才全面，才有可能满足用户的需求。互联网如此庞大，如何才能获取这些网页的内容呢？这就需要"爬虫"工具了。

所谓爬虫其实是一种自动获取网页内容的工具，它不是现实生活中令人作呕的虫子，而是一个相当有趣的软件。它能将整个网络中的内容尽可能多地抓取下

第一章

第二章

第三章

第四章

第五章

第六章

来。那么爬虫是如何发现这些网页的呢？下面来简述一下爬虫的工作原理。

设想整个网络就是一个城市公交系统，网页相当于公交系统中的车站，发现所有网页的过程就好像沿着公交线路将所有车站都经过一遍。不难想象，对于两个车站 A 和 B 来说，只要两个车站之间存在着一条通路，我们就可以通过车站 A 发现车站 B。对于网页来讲也是类似的，只要两个网页之间存在着一条链接，我们就可以通过网页 A 发现网页 B。

爬虫的工作原理就是首先给定一个起始网址，爬虫会直接获取该网址下网页的内容，并找出起始网页中所有的链接，然后将所有链接放到一个列表里面。处理完起始网址之后，再从列表中取出一个链接网址，获取该链接网址的内容，并将该网页中所有的链接依次添加到列表的末端。处理完该网页之后再从列表中取出下一个链接网址，重复上述的动作。因此爬虫的工作流程可以简述为以下三步：

1）从列表头部获取链接进行处理。

2）将该链接对应网页中的新链接添加到列表尾部。

3）重复步骤 1）和步骤 2）的过程。

下面我们通过一个具体的例子来理解爬虫的工作原理。

假设给定起始网址 A，首先爬虫会处理网址 A 对应的网页，并发现网页 A 中含有链接 B 和 C，因此将 B 和 C 添加到列表尾部，此时列表中有 ［B、C］，如图 6-13所示。

网址：A

网页A

网址：B
网址：C

列表

网址：B

网址：C

● 图 6-13　爬虫处理网页 A

处理完网页 A 后再从列表头部取出 B，此时列表中只剩下 ［C］，处理 B 的时候发现 B 中含有链接 D、E 和 F，于是将其全部添加到列表尾部，此时列表的状态是［C、D、E、F］，如图 6-14 所示。

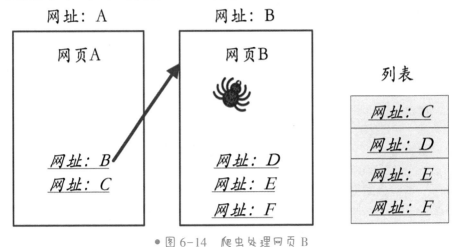

● 图 6-14 爬虫处理网页 B

处理完 B 后再从列表头部取出 C，此时列表为［D、E、F］，然后继续处理 C，以此类推。通过这种方式就可以搜集到相关联（相互链接）的所有网页。

实际的爬虫程序更加复杂，有很多细节需要处理。例如，为了加快抓取网页内容的速度，多个爬虫会同时工作，分别从不同的起始地址开始抓取网络中的内容。另外，真实的爬虫程序会增加冲突检测机制，这样既避免了网页在没有更新的情况下重复抓取从而提高了抓取的效率，又保证了网页在发生更新之后会被重新抓取从而提高了抓取的精度。同时为了保证抓取到的网页都是质量良好的有价值的网页，爬虫程序会通过网页过滤算法对网页内容进行分析，排除没有价值的、无效的垃圾网页。

这里还需要指出的一点是，爬虫根据链接抓取网页内容，但是网页的所有者可以决定爬虫是否有权抓取网页内容，因此爬虫在抓取网页内容之前首先要查看权限文件，如果权限文件中声明该网页由于隐私或者安全的考虑，禁止爬虫抓取数据，那么爬虫就应该放弃该网页转而继续处理下一个网页。

搜索的神器——索引

索引这个专业术语读者听起来可能会有点陌生，但是我们可以用最简单的一句话来概括索引的作用——索引就是用来建立关键词与文章之间的对应关系。

由于爬虫抓取的网页可能数以亿计，当我们在搜索引擎中键入关键词后，如果搜索引擎从上亿个网页中逐一搜索的话，理论上肯定可以完成，但是效率会非常低下，用户体验也会非常差。因此搜索引擎会事先建立好关键词与网页的对应

第一章

第二章

第三章

第四章

第五章

第六章

关系，也就是索引，这样当用户输入关键词时通过索引就可以直接找到相关的网页了。

下面通过一个具体的实例来看一看索引建立的过程。假设有三个网页需要建立索引，为了便于说明，我们简化了网页的内容，每个网页只有一行文字，并给每个网页分配了一个唯一编号。此外还假设网页的内容为英文，主要是因为英文建立索引的逻辑更加简单，后面的内容会阐述具体的原因。

三个网页的内容如下：

网页 001：Good good study，day day up.

网页 002：I am a good student.

网页 003：I ate two apples.

首先对网页 001 建立索引。通过分析可知，网页包含四个单词：good、study、day、up。在分析的过程中要排除大小写因素，因此 Good 和 good 属于同一个单词。索引表的结构见表 6-1。

表 6-1 索引表 1

关键词	网页编号
good	001
study	001
day	001
up	001

在实际建立索引的过程中，只保存网页编号的信息是远远不够的，因为许多附加信息也会影响搜索结果，例如关键词出现的次数、关键字是否出现在标题、关键字是否出现在第一段等，这些因素都可能影响搜索的结果，所以也需要保存一些附加信息。我们这里也加上关键词出现的次数这一信息，通过一个"数字对"来表示。例如 good->(001,2)就表示关键词 good 在网页 001 中出现两次，见表 6-2。

表 6-2 索引表 2

关键词	网页编号
good	(001，2)
study	(001，1)
day	(001,2)
up	(001，1)

再对网页 002 建立索引。通过分析可知，网页包含五个单词：I、am、a、good、student，但是我们并不把这五个关键词都加入索引表，因为这里面诸如 I、am、a 属于虚词，一般不会有人单独对这类虚词进行检索，而且这类虚词几乎会出现在所有的网页中，因此在建立索引的过程中应将这类虚词忽略。所以只将 good 和 student 两个词建立索引。更新后的索引表见表 6-3。

表 6-3　索引表 3

关键词	网页编号
good	(001, 2) (002, 1)
study	(001, 1)
day	(001, 2)
up	(001, 1)
student	(002, 1)

最后对网页 003 进行分析。这里需要指出的是，添加到索引表里的关键词都是单词的原型，而非任意一种派生形式，比如 ate 是 eat 的过去式，加入索引表的关键词是原型 eat 而非 ate；再比如 apples 是 apple 的复数形式，加入索引表的关键词是原型 apple 而非 apples。我们得到最终的索引表见表 6-4。

表 6-4　索引表 4

关键词	网页编号
good	(001, 2) (002, 1)
study	(001, 1)
day	(001, 2)
up	(001, 1)
student	(002, 1)
eat	(003, 1)
two	(003, 1)
apple	(003, 1)

当用户在搜索引擎中键入关键词 good 后，搜索引擎不会去查看三个网页中的任何一个，而是直接到索引表中找出关键词 good 对应的网页编号，也就是 001 和 002，然后根据网页编号将网页取出，并返回给用户。至于记录下来的关键字在网页中出现的次数等附加信息主要是用来对网页分级，以提高搜索的精度和影响网页的排名。

对网页进行分析并提取关键词的过程叫作"分词"。在对英文网页进行分词的时候相对容易，因为只需要根据空格将每个单词拆分出来即可，最多是识别一些多个单词组成的词组，但是对中文网页进行分词就不同了。中文要复杂得多，它不像英文那样每个单词中间都有空格隔离，而且语言本身的二义性也会让中文分词显得非常困难。例如"发展中国家"是分成"发展中""国家"还是"发展""中国""家"呢？因此许多 IT 企业都将中文分词技术专门作为一门科学在搜索引擎领域中进行研究。

以上为大家简要地介绍了搜索引擎的基本原理。其实现实中要实现一个搜索引擎远比上面介绍的要复杂得多，因此它还需要很多其他技术的支撑，例如用于搜索结果排名的 PageRank 算法，还有前面提到的中文分词、聚类、分类等核心的机器学习算法等等。所以搜索引擎是一个非常庞大复杂的系统，有兴趣的读者可以参看相关的专业书籍学习研究。

6.4 厉害了，我的 5G

难度：★★★

在 2018 年 6 月的世界移动大会上，中国移动、中国联通都宣布 2019 年实现 5G 试商用，在 2020 年实现 5G 正式商用；中国电信则宣布 2019 年实现 5G 试商用，2020 年在重点城市开始正式商用。一时间 5G 成为网络热搜，人们不禁拿起手机，畅想着 5G 时代会是什么样子。5G 的网速有多快？看电影看直播会不会卡？玩游戏会不会更加顺畅？……

那么究竟什么是 5G？跟过去的 2G、3G、4G 相比，5G 有哪些特点和技术突破？5G 又会给我们的生活带来怎样的改变呢？本节就来讨论这几个问题。

5G 的演进史

5G 不是凭空产生的，而是经历不断迭代发展，一代一代演进而来。每一代都有更高的技术突破，也都会衍生出不同的应用。

最早的移动网络称为 1G 网络，也就是第一代移动网络。它源于 1980 年，是移动网络的鼻祖。1G 网络功能单一，只适用于语音通话。年纪稍大一点的人对于"大哥大"应该都不陌生，这其实就是 1G 网络的产品，如图 6-15 所示。

伴随着通信技术的不断发展，人们对移动网络的需求也逐渐增多。在这样的

• 图 6-15　早期的手提电话（大哥大）

背景下，2G 移动网络诞生了。2G 网络源于 1990 年，其技术标准包括 GSM 和 CDMA 两大类。其中 GSM 被认为是迄今为止最为成功的全球性移动通信系统。

相比较于 1G 网络，2G 网络除了可以进行通话外还可以发短信和进行低速率数据传输。曾几何时，短信业务在年轻一代中风靡一时，中国移动的动感地带——M-ZONE 成为年轻人的标配，周杰伦的一句"我的地盘听我的"成为那个时代的流行语，如图 6-16 所示。"动感地带""全球通"和"神州行"并称为 GSM 数字移动电话服务的三大品牌。

• 图 6-16　"动感地带"的 Logo 和广告语

进入 21 世纪，伴随着互联网的飞速发展，3G 网络走进了人们的生活。当时国际电信联盟（ITU）为 3G 网络定义的三大主流无线标准接口分别是 W-CDMA、CDMA2000 和 TD-SCDMA，其中 TD-SCDMA 是以我国知识产权为主的，并被国际上广泛接受和认可的无线通信国际标准，如图 6-17 所示。3G 网络的主要特征是速度快、效率高、信号稳定、成本低廉和安全性能好，跟前两代的通信技术相比，3G 网络全面支持更加多样化的多媒体技术。

2010 年以后，4G 网络逐渐发展起来。与前三代移动网络相比，4G 网络在速度上有了飞跃式的进步。4G 移动网络的最大传输速率可达到 100 Mbit/s，超高的网速催生出各式各样的应用和商业模式。各类视频平台、电商、移动支付、社交软件、直播平台、游戏平台等如雨后春笋般快速发展起来。同时也成就了一大批

● 图 6-17 中国移动推出的 TD-SCDMA 标准

互联网公司。众所周知，阿里巴巴、腾讯等这些互联网巨头都在 4G 时代得到了长足发展，如图 6-18 所示。我国也凭借移动互联网的高速发展成为全球第二大经济体。

共享单车

● 图 6-18 4G 催生出的各种商业模式

进入新时代，人们对移动互联网的依赖程度不断加深，同时对网络服务的质量也提出更高的要求。人们希望看视频、看直播更加流畅清晰，玩游戏更加顺畅自如，生活更加智能便捷，这些要求催生了 5G 的发展。

5G 网络传输速度的理论峰值可达到 2.4 Gbit/s，比 4G 网络的传输速率快 10 倍以上，因此 5G 网络更加适应高网速应用服务的需求。需要特别一提的是，我国的华为技术有限公司为 5G 技术的研发和标准的制定做出了巨大的贡献。

那么 5G 技术有哪些亮点呢？跟过去的 2G、3G、4G 相比，5G 有哪些特点和技术突破?

毫米波承载高网速

无论是 1G 还是最新的 5G，其本质都是无线通信。与传统的有线通信使用电缆或光纤作为传播信息的介质不同，无线通信传播信息的介质是电磁波，而电磁波的功能特性是由它的频率决定的，不同频率的电磁波有着不同的属性和特点，从而也有着不同的用途。表 6-5 列出了不同频段电磁波的主要用途。

表 6-5　不同频段电磁波的主要用途

名称	频率	波长	波段	主要用途
甚低频	3~30 kHz	1000 km~100 km	超长波	超远距离导航
低频	30~300 kHz	10 km~1 km	长波	远距离导航
中频	0.3~3 MHz	1 km~100 m	中波	移动通信、中距离导航
高频	3~30 MHz	100 m~10 m	短波	移动通信、远距离短波通信
甚高频	30~300 MHz	10 m~1 m	米波	移动通信、对空间飞行体通信
特高频	0.3~3 GHz	1 m~0.1 m	分米波	移动通信、对流层散射通信
超高频	3~30 GHz	10 cm~1 cm	厘米波	移动通信、卫星通信
极高频	30~300 GHz	10 mm~1 mm	毫米波	移动通信、波导通信

从表 6-5 中可以看出，不同频率的电磁波其用途是不同的，这有点类似于高速路上划分车道，不同车速的汽车走不同的车道，这样才能避免相互干扰和冲突。将不同频段分配给不同的用途可以充分利用电磁波的频率资源。

另外不同的网络制式采用的电磁波频段也是不同的，但是从 1G 到 4G 总体的趋势来看，移动网络越先进，采用的频率就越高。之所以会有这样的趋势主要是因为频率越高，能使用的频率资源就越丰富，而频率资源越丰富，能实现的传输速率就越高。我们可以把它想象成装载货物的轮船，轮船的货仓数相当于电磁波的频率，轮船的装载量相当于电磁波传输数据的速率。货仓越多，相同时间内轮船能装的货物量就越大；类比地，电磁波的频率越大，则传输数据的速率就越快。

基于上述理论，我们不难想到 5G 的频率应当会更高。事实也确实如此，5G 的频率范围分为两种：一种是在 450 MHz 到 6 GHz 之间，这跟 2/3/4G 差别不算太大。还有一种就很高了，可以达到 24 GHz 到 52 GHz 之间。如果取中间值 40 GHz，根据频率和波长的关系公式就可以计算出 5G 的波长大约在 7.5 mm 这个量级。

$$\lambda = \frac{C}{f} = \frac{300000000 \text{ m/s}}{40000000000 \text{ Hz}} \approx 7.5 \text{ mm}$$

可见 5G 移动网络实现了毫米波，也正是 5G 的毫米波承载了它的高网速。

第一章

第二章

第三章

第四章

第五章

第六章

遍布身边的微基站

前面讲到毫米波可以实现更高速率的数据传输，有的读者可能会有这样的疑问，"既然只要提高频率、缩小波长就可以提高数据的传输速率，那么人们为什么不在 1G 时代就一步到位把频率提高上去，而非要经历漫长的 2/3/4G 的演进呢?"这主要是因为毫米波在空气中衰减较大，且绕射能力较差。这意味着与较低频率的电磁波相比，毫米波的传输距离会大幅缩减，信号覆盖能力大幅减弱。所以提高信号的频率并非易事，需要技术的进步作为支撑。

增加基站的建设数量是一种提高信号覆盖面积的重要手段。所以 5G 的部署需要同步增加 5G 基站的建设数量以保证信号的质量和传输距离，而且这个数量要远远超过 4G 基站的数量，图 6-19 可以形象地说明这一点。

如图 6-19 所示，要使信号覆盖相同面积的两个区域，5G 基站的数量要比 4G 基站的数量多很多。

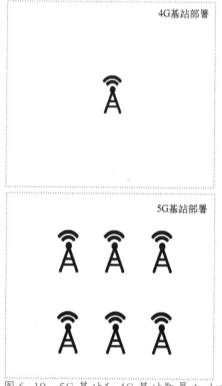

● 图 6-19　5G 基站和 4G 基站数量的对比

如果采用传统的宏基站作为 5G 的通信交换中心会存在两个问题：一是传统的宏基站建造费用十分昂贵，建设这样多的基站成本会非常巨大；二是宏基站占地面积很大，不适合安装在人口密集的城市中心。为了解决建设成本及安装的问题，5G 开始应用全新的基站——微基站。

如图 6-20 所示，与宏基站相比，微基站体积要小得多，功率也低得多，安装成本和维护成本都更低。这样就可以广泛部署微基站，从而保证了 5G 信号的全覆盖，但是又回避掉毫米波的缺陷。

● 图 6-20　5G 微基站

除了具有建设成本低、占地面积小等优点外，微基站还使用到了 Massive MIMO 技术，也就是超级多天线技术。Massive MIMO 通过在基站侧配置远多于现有的系统的大规模天线阵列的 MU-MIMO 实现了提升无线频谱效率，增强网络覆盖和系统容量的目的。

5G 信号实现"定点打击"

传统的 2/3/4G 网络采用的是全向的信号覆盖，即以基站为中心，信号向四周发射，如图 6-21 所示。

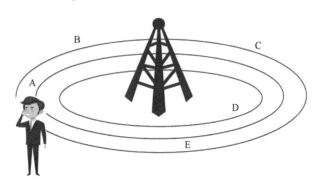

● 图 6-21　传统基站的全向信号覆盖

如图 6-21 所示，如果只有一个人在 A 点使用手机，那么 B、C、D、E 这些点的信号都是被白白浪费掉的。为了节省资源，让基站更好地服务通信，5G 网络中采用了先进的波束赋形技术，它可以实现 5G 信号的"定点打击"。

波束赋形技术是一种空间复用技术，它是在基站上布设天线阵列，通过对射频信号相位的控制，使得相互作用后的电磁波的波瓣变得非常狭窄，并指向它所提供服务的手机，而且能根据手机的移动而转变方向。通过波束赋形技术可以实现由全向的信号覆盖变为精准指向性服务，从而在相同的空间中提供更多的通信链路，极大地提高基站的服务容量。

D2D 让你我沟通无"障碍"

在 4G 网络中，同一基站下的两个用户之间进行数据传输是一定要通过基站的，如图 6-22 所示。这种传输方式势必会消耗一些空中资源，影响网络容量及无线频谱的利用率。

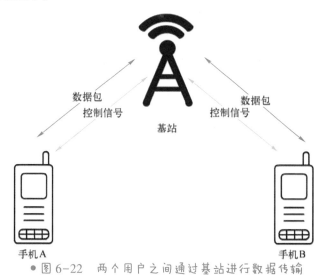

● 图 6-22　两个用户之间通过基站进行数据传输

在 5G 网络中采用了先进的 D2D（Device-to-Device）技术解决了这个问题。D2D 也被称为终端直通，它是指两个对等的用户节点之间直接进行通信的一种方式。在 D2D 网络中，同一基站下的两个用户之间可直接进行设备到设备的数据传输，而不再需要基站作为中介。这将大大提高网络容量及无线频谱的利用率，同时也减轻了基站的压力。不过手机的控制消息还是要通过基站的，只是数据信息可以在设备之间直接传输，如图 6-23 所示。

以上为大家简要总结了 5G 技术的新亮点和新突破，那么 5G 时代又会给人们的生活带来怎样的变化呢？这里为大家简单列举几条。

秒速下载，超爽看视频

前面已经介绍了 5G 信号采用了毫米波，所以数据的传输速率非常快。5G 的理论下行速度可达到 2.4GB/s，也就是说如果要下载一个 2GB 左右的高清电影，在正常的 5G 网络环境下，只需要 1 s 左右就可以完成，这要比 4G 网络快出 10~100 倍，甚至比光纤宽带还要快！所以 5G 时代人们可以秒速下载视频，体验会非常爽。

8K 电视蓄势待发

目前市场上最热门的电视莫过于 4K 电视了。所谓 4K 电视指的是电视机的显

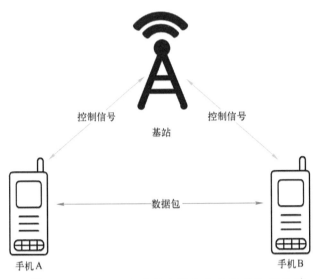

示屏分辨率为 3840×2160 及以上的超高清电视，其分辨率是高清电视的 8 倍、全高清电视的 4 倍。但是 5G 时代 4K 电视也将过时，依赖于 5G 高速传输特性带来的更大数据通量，更高分辨率的 8K 电视将会逐渐普及开来，8K 电视的市场在不久的将来或将迎来大繁荣。

无人驾驶不再是梦想

无人驾驶的核心是将通过传感器、摄像头等设备采集到的信息与云端进行实时交互，再基于高精度地图信息进行行驶路线的规划。在这个过程中需要实时把大批量数据上传到云端，并且对高精地图进行实时更新，这都需要超高的网速来支持。5G 的高速网络就可以满足这种低时延的要求，从而为无人驾驶的安全性和精准度保驾护航。所以 5G 时代，无人驾驶不再是梦想，或许在不远的将来，大街上川流不息的车辆中就有无人驾驶的汽车。

5G 网络助力"万物互联"

物联网的发展方兴未艾，特别是在 AI 加速发展的大环境下，"万物互联"逐渐成为一种趋势。物联网发展最大的瓶颈就是网络响应速度满足不了实时性的要求，但是这一切将会在 5G 时代彻底改变。超高速的网络将助力"万物互联"，为智能制造、智慧医疗、智能家居、智能出行等提供技术支持。

总之，5G 时代将是一个智能时代，将是一个信息技术大发展、大繁荣的时代，它必将给人们的生活带来深远的影响。